U0078061

各界對於五十川老師
系列書籍一致好評

THE LEGO TECHNIC IDEA BOOK SERIES:

" 這套書真是製作各種機構的絕妙寶典。"

—JOE MENO, *BrickJournal*

" 超多樂高機構的巧思。就算你已經是老手，
這套書裡一定有你從未見過的好點子。"

—BILL WARD, Brickpile

" 我之所以喜歡這些酷炫的小作品，是因為它們可用來教授各種科學觀念，像是齒
輪、牛頓定律以及動能位能轉換，這還只是我目前想到的而已呢！"

—THE ROBOTIC REALM

" 任何人只要喜歡樂高、用樂高來製作原形或喜歡各種機械機構，這套書絕對必
看，我真的不知道沒有這套書的日子是怎麼過來的。"

—LENORE EDMAN, Evil Mad Scientist Laboratories

THE LEGO MINDSTORMS EV3 IDEA BOOK:

" 極簡但又意義深厚，可以啟發年輕工程師們把問題解決能力與創造力應用在各類
機構的無限組合中。"

—*BOOKLIST*

THE LEGO BOOST IDEA BOOK:

" 五十川老師的著作是我所有藏書中最有用的。"

—BRICKSET

" 不管你是組裝達人或 BOOST 機器人開發者，這裡有超豐富的內容來啟發各種全
新的創作，還能在原本的作品上進一步延伸自己的想像力。"

—GEEKDAD

Copyright © 2021 by Yoshihito Isogawa. Title of English-language original: LEGO Technic Non-Electric Models: Simple Machines, ISBN 9781718501201, published by No Starch Press Inc. 245 8th Street, San Francisco, California United States 94103. The Traditional Chinese-language edition Copyright © 2021 by GOTOP Information Inc., under license by No Starch Press Inc. All rights reserved.

LEGO® TECHNIC™

不插電創意集

簡易機器

五十川芳仁（Yoshihito Isogawa）著／CAVEDU 教育團隊 曾吉弘 譯

Contents

第 1 篇 基礎機構

第 2 篇　會動的小車

譯者序

很榮幸,這已經是我第三次翻譯五十川老師的著作,也正是老師啟發了我對於機器人與機構的熱愛。CAVEDU 教育團隊最早從五十川老師的虎之卷(LEGO Technic 虎の卷)得到了許多運用樂高零件的創新想法。

樂高公司身為領先的教玩具公司,其零件從最早期的堆疊式,逐漸轉變為插銷式,零件的種類也日益繁多,對於創作者來說,免不了需要「殺肉」一番才能取得所需數量的零件。五十川老師作品的特色就在於,他把特殊零件的需求降到了最低,使用最基本的樂高零件組再搭配一顆小馬達,就能做到各種令人目不轉睛的趣味效果。

很高興曾在 2015 年邀請老師來台灣辦理一系列工作坊,過程當中深刻感受到老師在童心未泯之外,更有對於專業的堅持。相信不論大小朋友、新手或專家都能從五十川老師的書籍中找到那一道創作的光。

曾吉弘博士
www.cavedu.com
CAVEDU 教育團隊創辦人 / 熱愛玩玩具的創作者

本書簡介

本書收錄了許多好點子，提供了超過 100 款你可以用樂高 Technic 系列零件完成的作品，裏頭特別收錄了各種不需要馬達等電子元件就能組裝把玩的作品。運用這些有趣的不插電專題，你將可在動手遊玩的過程中學會許多機械工程原理。

所有的專題在設計上，都可以利用樂高公司的積木與其科技（Technic）系列零件來組裝完成。筆者無法保證如果使用非樂高公司的展品來製作的話，專題是否還能正常運作，在精確度與耐久度上可能都會有問題。

如何使用本書

你會在書中看到各個作品的不同角度照片還有會用到的零件清單，而不是一步步的組裝流程。仔細看看我拍的照片，把它們做出來吧！這樣的組裝方式好像在拼拼圖呢！

這些作品不用照著順序做。你可以隨興翻閱，從你最感興趣的作品開始。不過，在習慣這樣的流程之前，你可能還是從較簡單的作品開始比較好。

製作的同時，多留意這些作品的動作，並試著理解為什麼它們可透過這種方式來運作。這有助於提升你的製作技巧。下一步就是運用本書給你的靈感來製作你自己原創的專題。如果需要靈感的話，請參考許多作品附近都能看到的提示。你當然可以把不同專案結合起來。修改、加強以及裝飾這些作品吧！你的創意將無遠弗屆！

樂高零件

本書最後整理了本書所有專題所需的零件清單。大多數零件都很常見也容易取得。不過，如果少了什麼的話，請試試看能不能你手邊現有的零件取代缺少的零件。

書中的圖片用不同的顏色來區分各個零件，目的是要讓你容易區分各零件的形狀。你當然不需要選用相同顏色的零件；用你喜歡的顏色，自己完成創作吧！

延伸閱讀

本書為系列書籍其中之一，想探索更多有趣的不插電專題，請參考《LEGO Technic 不插電創意集｜聰明酷玩意》一書。這本書收錄了許多有趣的作品，包含會畫圖的機器、陀螺、測量工具還有智慧型手機 / 平板電腦的支架。

如果你想要了解更多運用了電動馬達所製作的機構，歡迎參考我的另外兩本著作：

● 樂高創意寶典 – 機械與機構篇

● 樂高創意寶典 – 車輛與酷玩意篇

（這兩本書皆由 CAVEDU 教育團隊曾吉弘博士翻譯與碁峰資訊出版）

致謝

本書使用了 LDraw 零件庫與 LPub 應用程式來繪製本書中的各種插圖，在此向開發出這些好用軟體的開發團隊致謝。

暖暖身子

本書不會有一步步的組裝流程。你可以在書中不同角度的作品照片，試試看就這樣把它做出來。這樣的組裝方式就好像在拼拼圖。你很快就會習慣這樣的作法並樂在其中，先來練習一下吧！

#1

這個數字代表
作品編號

這個作品要用到的所以零
件都會列在這裡。從手邊
的零件找到它們，開始做
吧！

取得所有零件之後，試著參考書上的照片來完成作品。想要
更快速完成的話，請把你的作品擺得和書中照片一樣，然後
在組裝的同時比對是否正確。

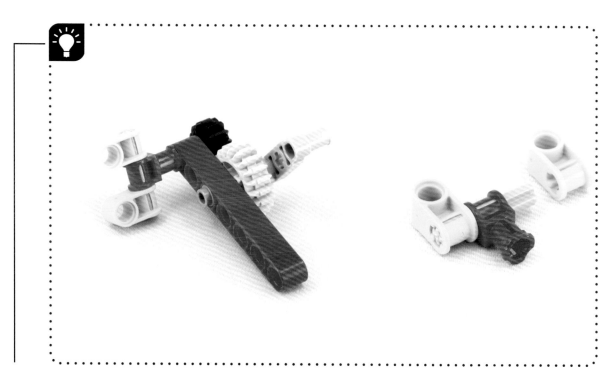

這是 [提示]，建議你本專題的其他製作方式。運用這些提示，
試著做出獨一無二又有趣的作品。請注意，提示中所用到的
零件不包含在各專題以及本書最後的零件清單中。

第1篇
基礎機構

基本的基本

長度

3

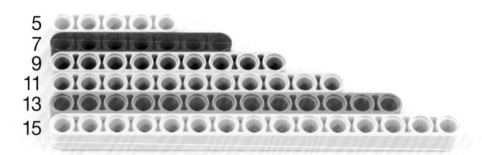

5
7
9
11
13
15

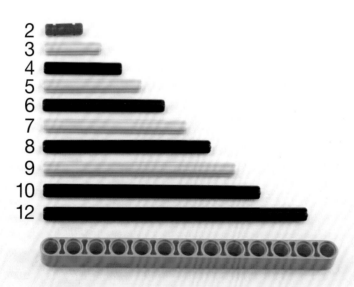

2
3
4
5
6
7
8
9
10
12

齒輪的齒數

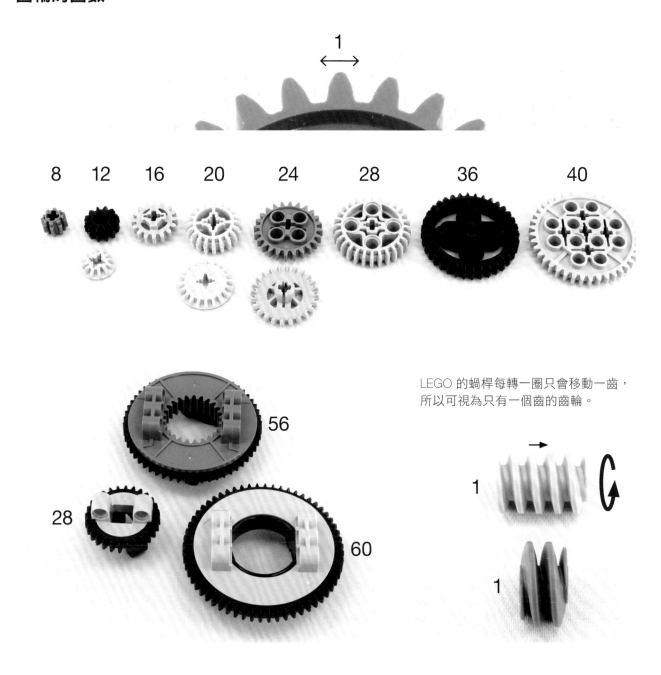

1

8 12 16 20 24 28 36 40

56

28

60

LEGO 的蝸桿每轉一圈只會移動一齒，所以可視為只有一個齒的齒輪。

1

1

無摩擦力 / 摩擦力插銷

摩擦力插銷能讓兩個零件
穩固連接。

無摩擦力插銷能當作
可動機構的支點。

運用齒輪來轉動

#1

×2

兩個齒輪咬合之後,彼此
轉動的方向是相反的。

轉動這個把手

當兩個齒數相同的齒輪彼此帶動時,彼此
的轉速與扭力不會改變。

速度	扭力
相同	相同

#2

當大齒輪帶動小齒輪來轉動時，
後者速度增加但扭力變小。

速度變快　扭力變小
3:1 (24:8)

這個數字代表齒輪比，也就
是驅動輪齒數與被動輪齒數
的比率。

#3

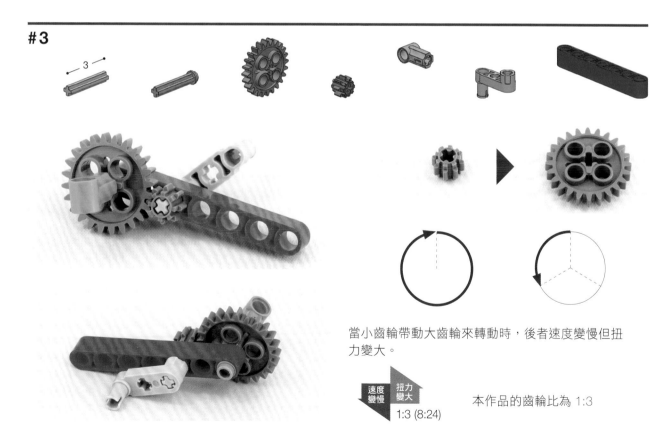

當小齒輪帶動大齒輪來轉動時，後者速度變慢但扭
力變大。

速度變慢　扭力變大
1:3 (8:24)

本作品的齒輪比為 1:3

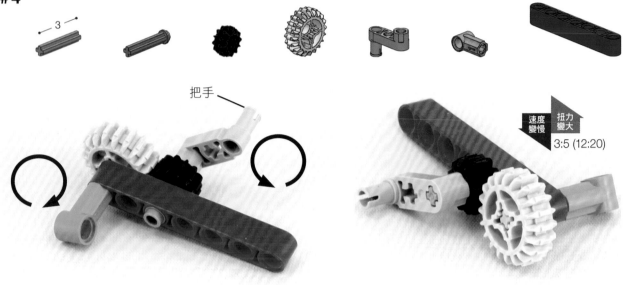

把手

速度變慢　扭力變大
3:5 (12:20)

本書中很多作品都會用手把來帶動。如果你沒有這個零件，或想在作品中強調個人風格的話，歡迎把別的零件當作手把來使用。

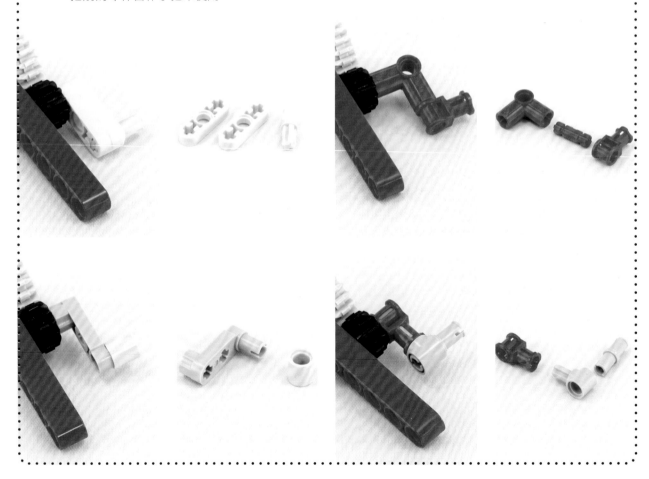

#5

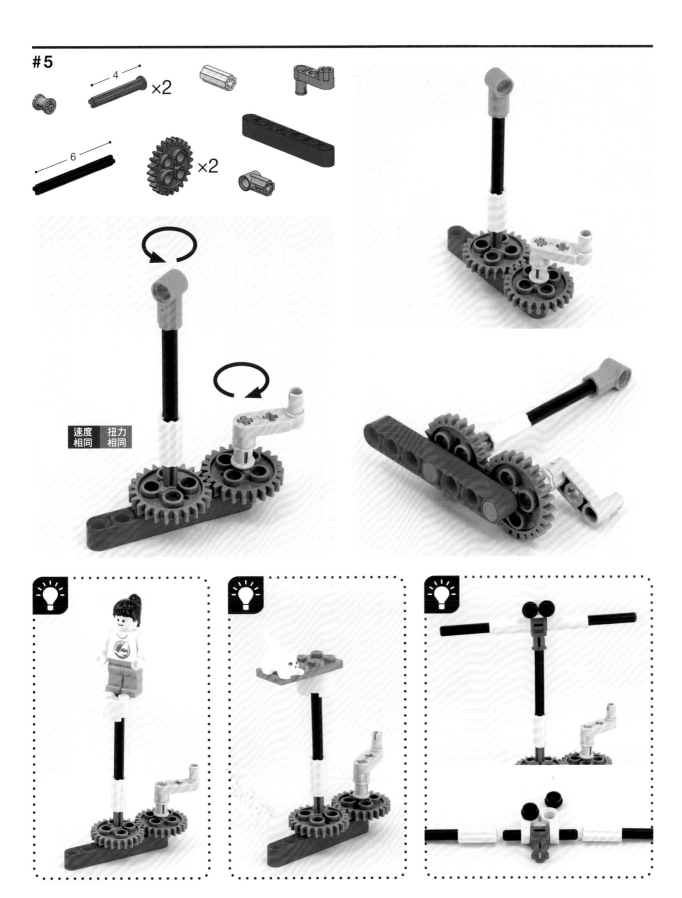

速度 扭力
相同 相同

#6

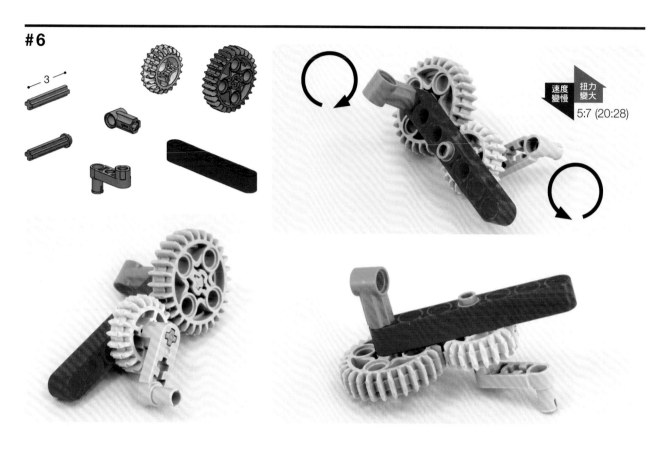

速度變慢 扭力變大 5:7 (20:28)

#7

×2

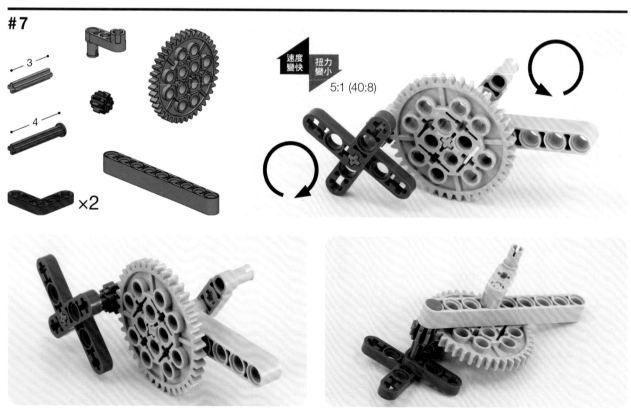

速度變快 扭力變小 5:1 (40:8)

#8

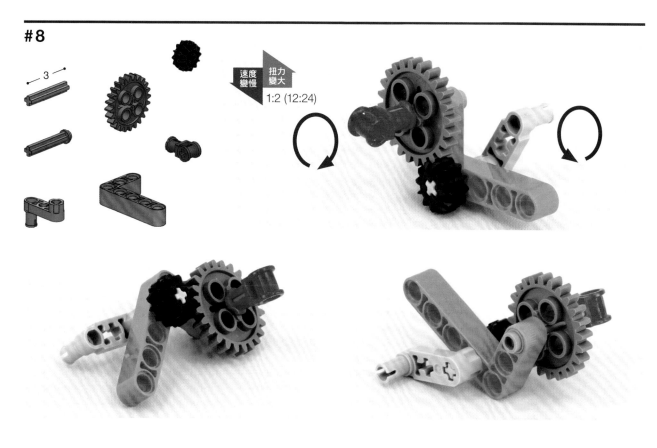

速度變慢　扭力變大
1:2 (12:24)

#9

速度變快　扭力變小
6:5 (24:20)

#10

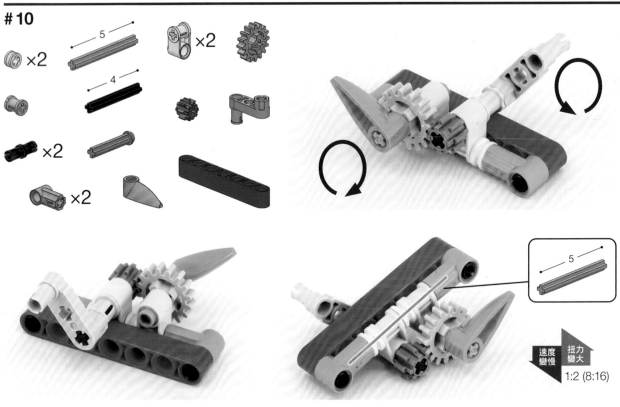

速度變慢 扭力變大
1:2 (8:16)

#11

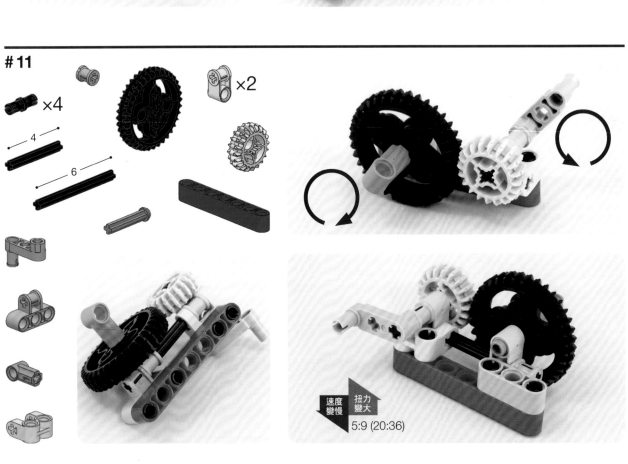

速度變慢 扭力變大
5:9 (20:36)

#12

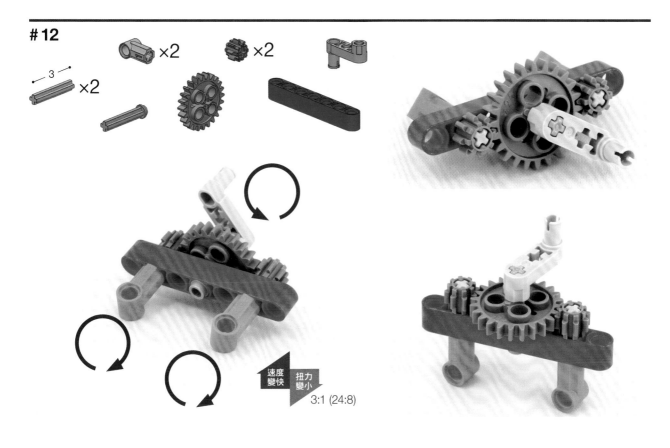

速度變快 扭力變小
3:1 (24:8)

#13

×4

×2

×2

×2

×2

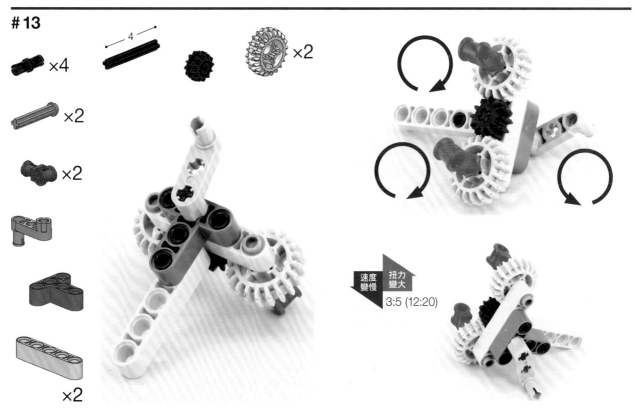

速度變慢 扭力變大
3:5 (12:20)

#14

速度變慢　扭力變大
1:3 (8:24)

24 —8—8— 24 —8— 8

當多個齒輪依序排列時，只有頭尾兩個會影響速度與
扭力，中間則都不會有影響。這是因為在中間的那些
齒輪只負責把動力傳送給旁邊的齒輪而已。

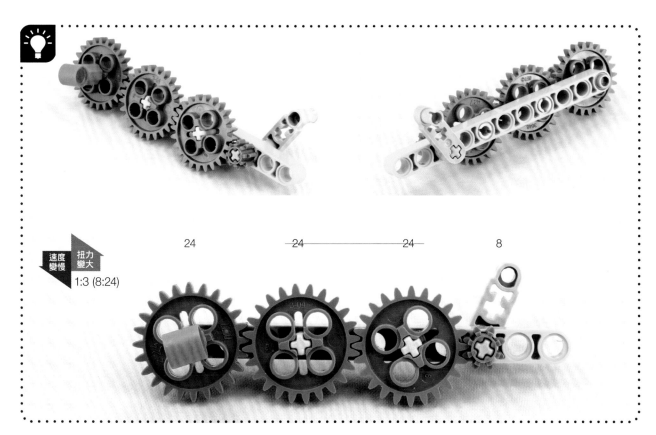

24   24   24   8

速度
變慢 扭力
變大
1:3 (8:24)

24   8   40   8

速度
變慢 扭力
變大
1:3 (8:24)

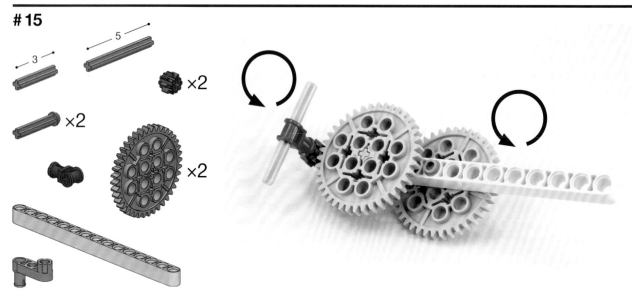

這樣的齒輪配置方式可讓速度與扭力的變化更明顯。本範例重複了兩次 5 倍加速，就能得到 5 × 5 = 25 倍的加速效果。

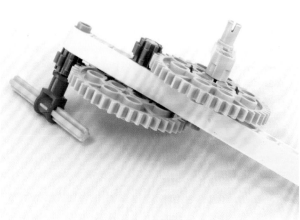

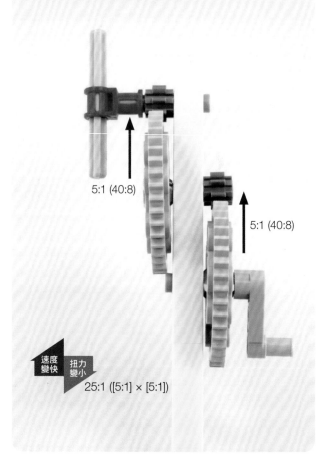

5:1 (40:8)

5:1 (40:8)

速度變快　扭力變小

25:1 ([5:1] × [5:1])

#16

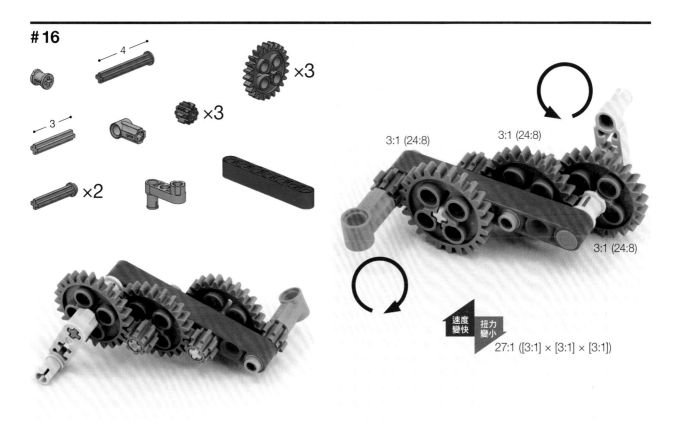

3:1 (24:8)　　3:1 (24:8)

3:1 (24:8)

速度變快　扭力變小

27:1 ([3:1] × [3:1] × [3:1])

#17

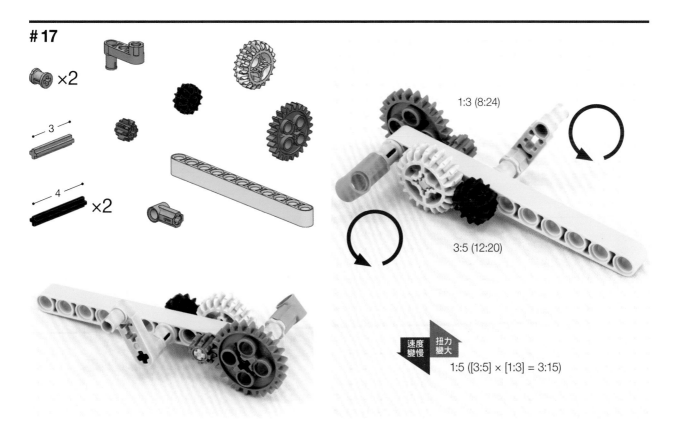

1:3 (8:24)

3:5 (12:20)

速度變慢　扭力變大

1:5 ([3:5] × [1:3] = 3:15)

改變轉動的角度

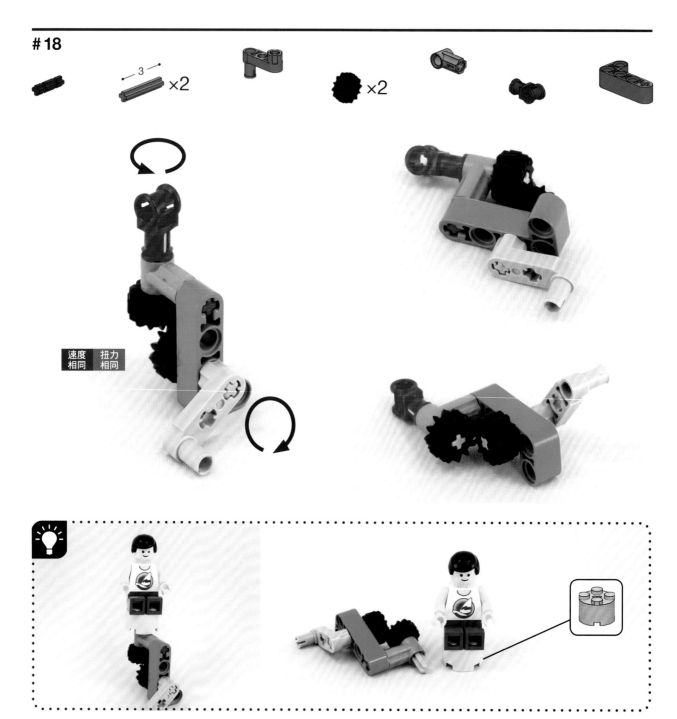

#19

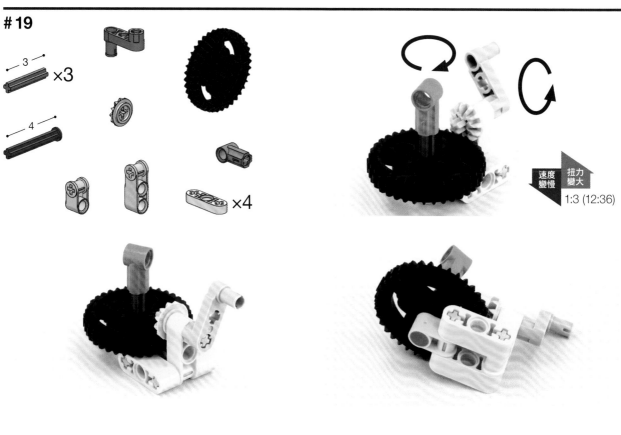

速度變慢 扭力變大

1:3 (12:36)

#20

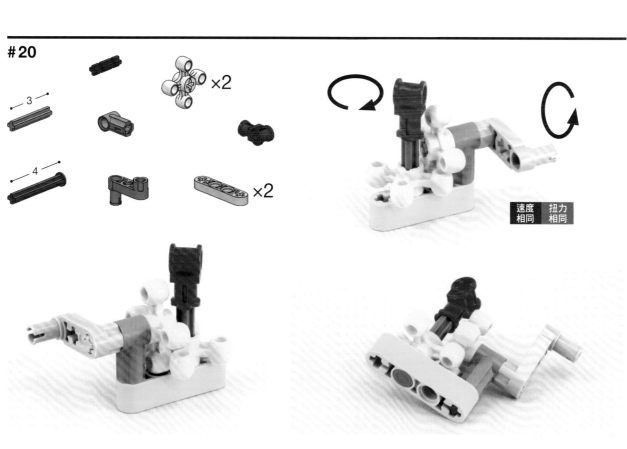

速度相同 扭力相同

#21

×2 ×2

—3—
×2 ×2

×2 ×2

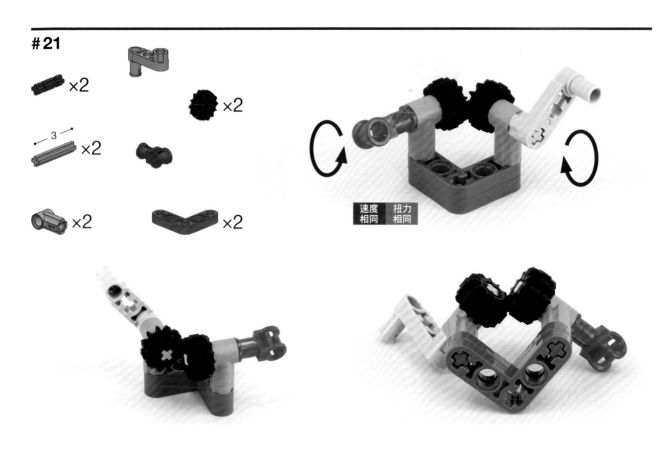

速度 扭力
相同 相同

#22

×2 ×2

—3—
×3 ×2

—6—

×2

速度 扭力
變慢 變大
3:5 (12:20)

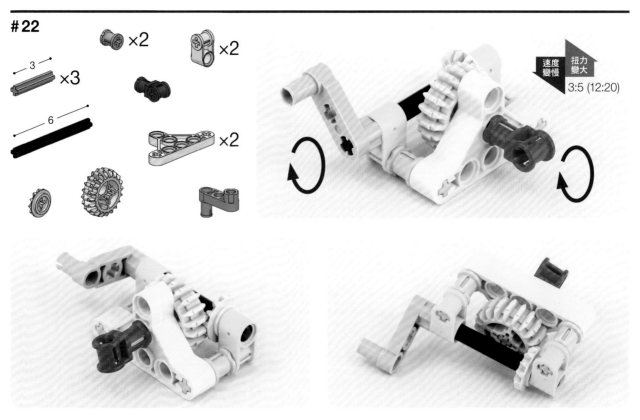

#23

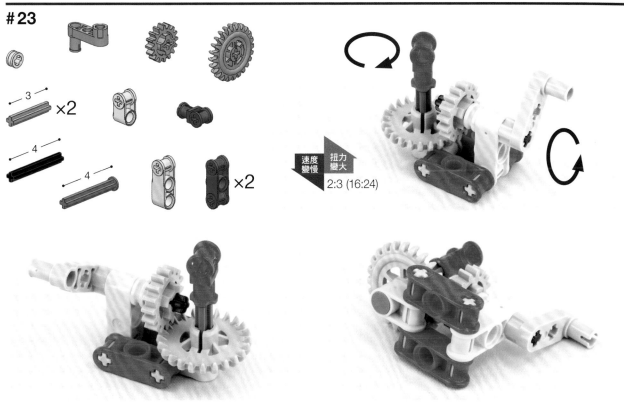

速度變慢 扭力變大
2:3 (16:24)

#24

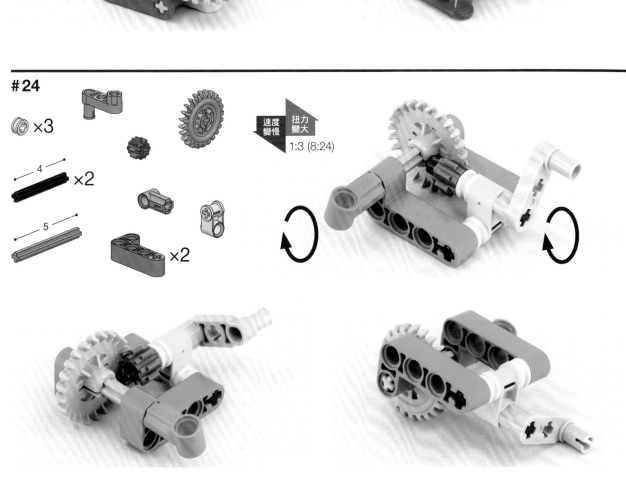

速度變慢 扭力變大
1:3 (8:24)

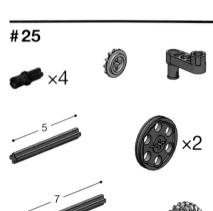

×4

5

×2

7

×2

×2

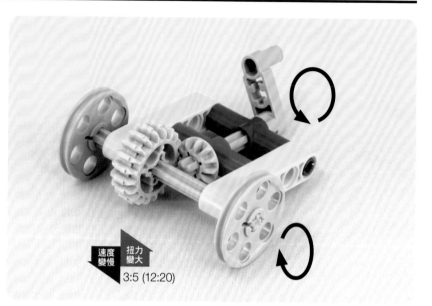

速度
變慢　扭力
變大
3:5 (12:20)

速度
變快　扭力
變小
5:3 (20:12)

×4 —3 ×2 7 ×3 ×2

×3 ×2

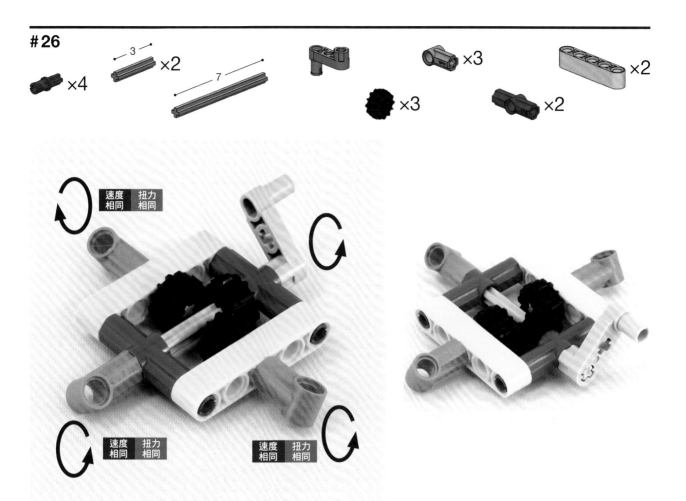

速度 扭力
相同 相同

速度 扭力
相同 相同

速度 扭力
相同 相同

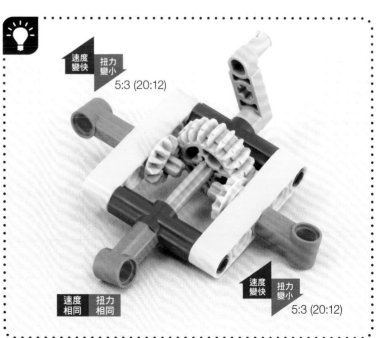

速度 扭力
變快 變小
5:3 (20:12)

速度 扭力
變快 變小
5:3 (20:12)

速度 扭力
相同 相同

#27

×2 ×2 ×3 ×2

×3 ×4

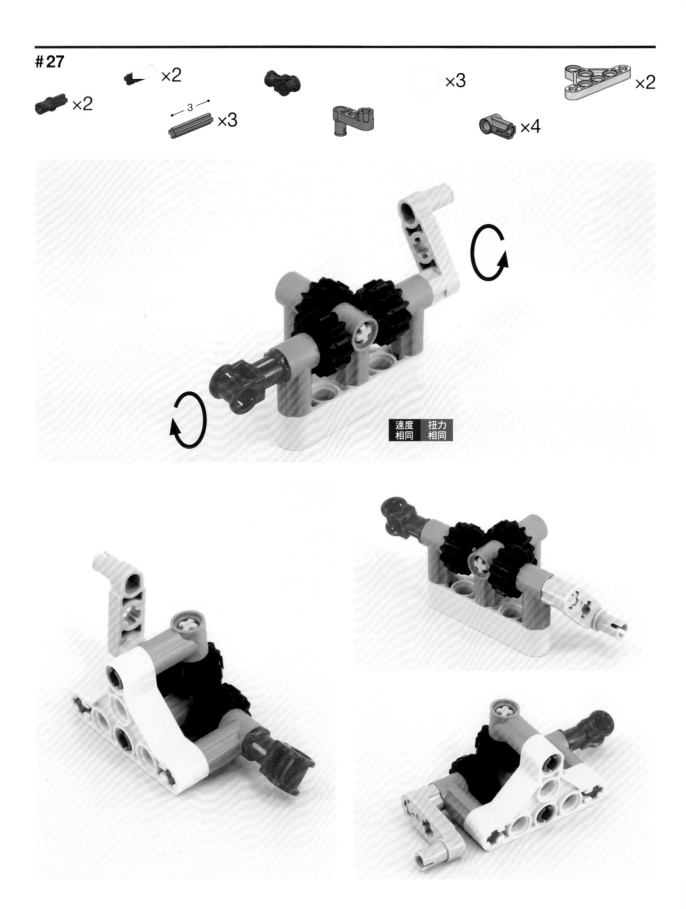

速度 扭力
相同 相同

#28

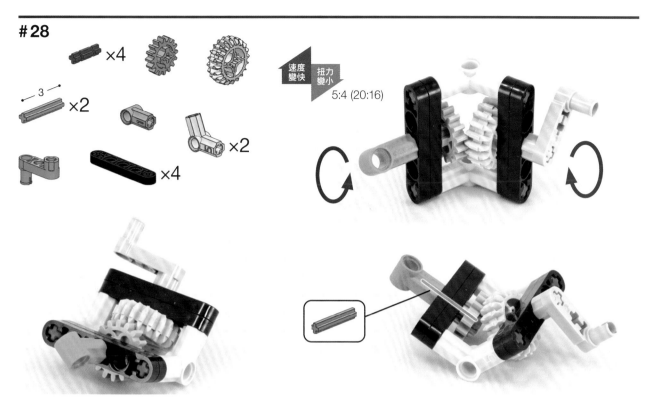

×4

3 ×2

×2

×4

速度
變快 扭力
變小
5:4 (20:16)

#29

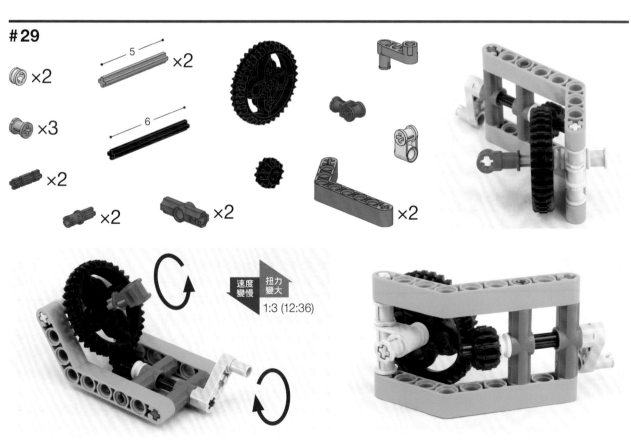

×2

5 ×2

×3

6

×2

×2

×2

×2

速度
變慢 扭力
變大
1:3 (12:36)

蝸桿

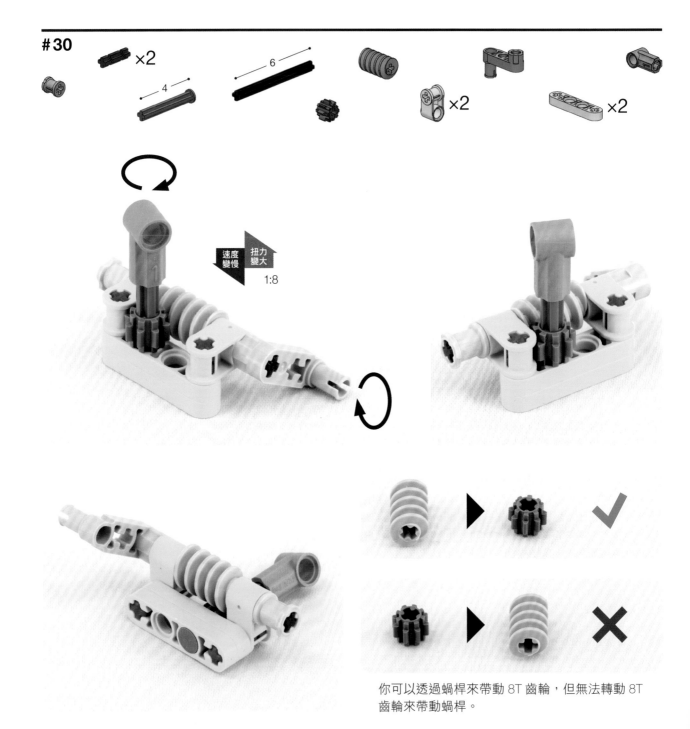

你可以透過蝸桿來帶動 8T 齒輪，但無法轉動 8T
齒輪來帶動蝸桿。

#31

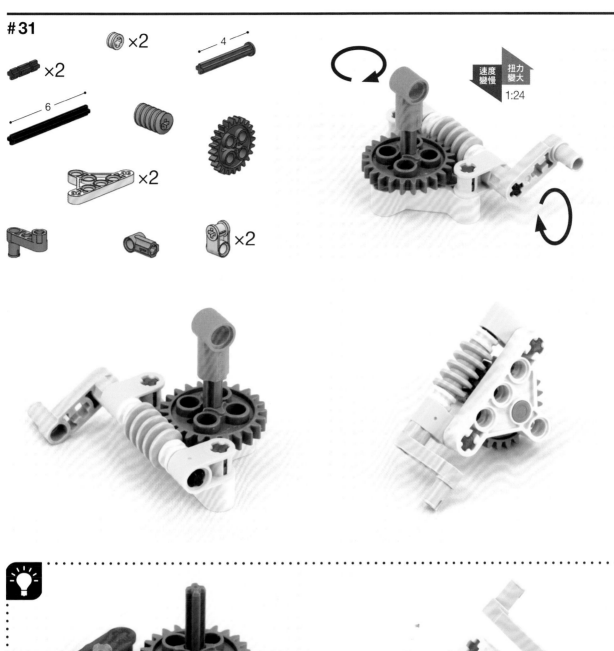

速度變慢 扭力變大 1:24

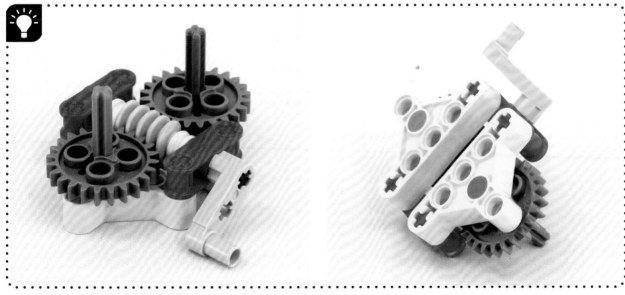

#32

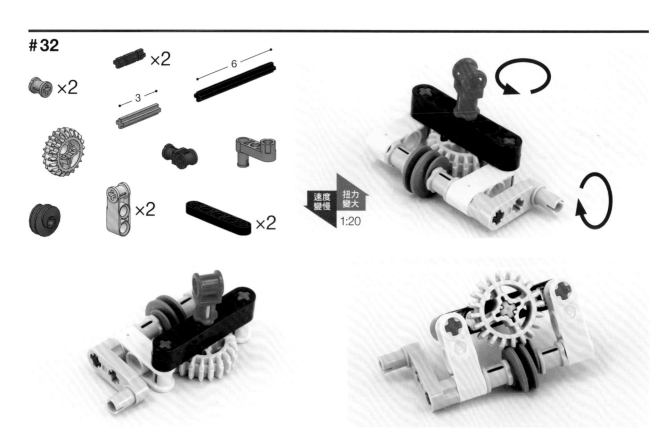

×2
×2
6
3
×2
×2

速度
變慢
扭力
變大
1:20

#33

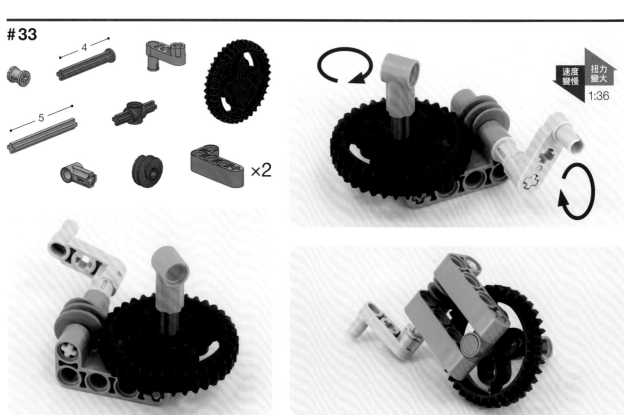

4
5
×2

速度
變慢
扭力
變大
1:36

#34

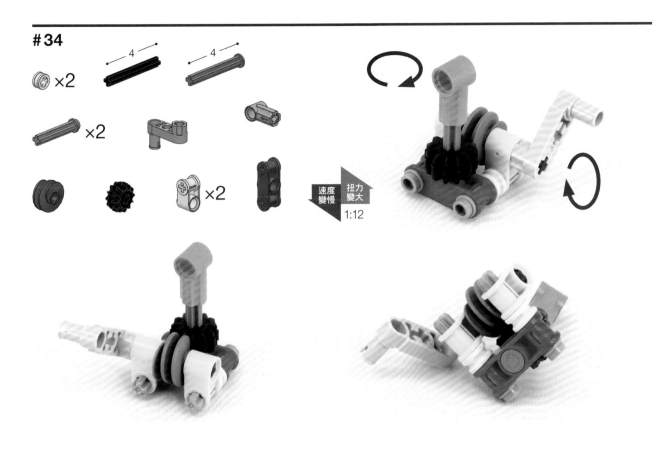

#35

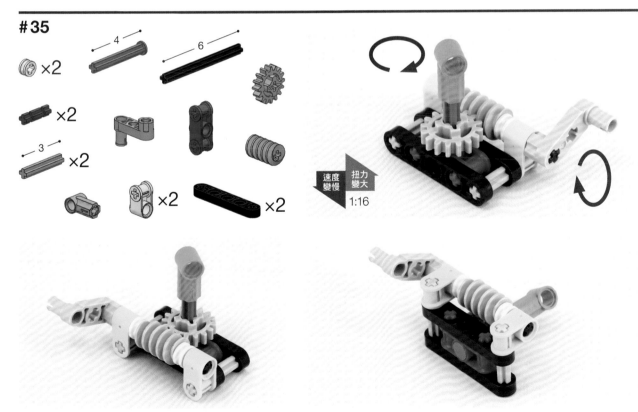

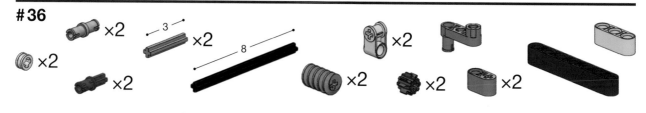

#36

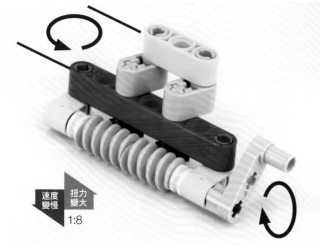

速度
變慢 → 扭力
變大
1:8

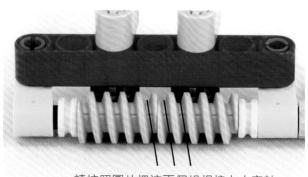

請按照圖片把這兩個蝸桿接上十字軸，
讓兩者的牙齒順利連接。

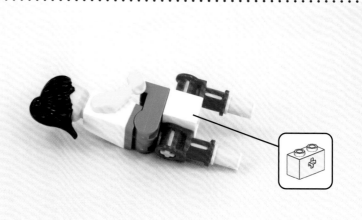

#37

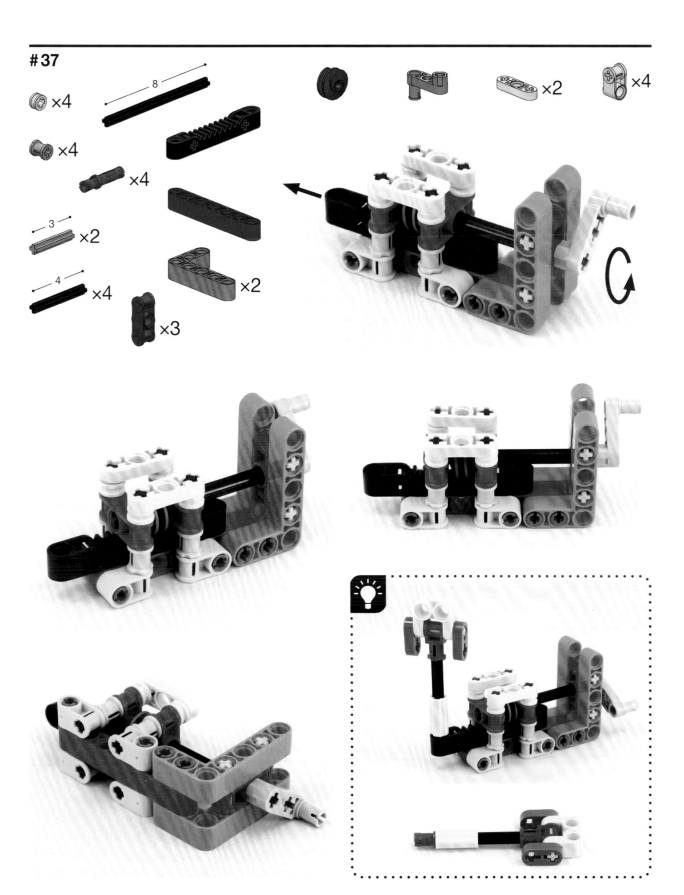

旋轉平台

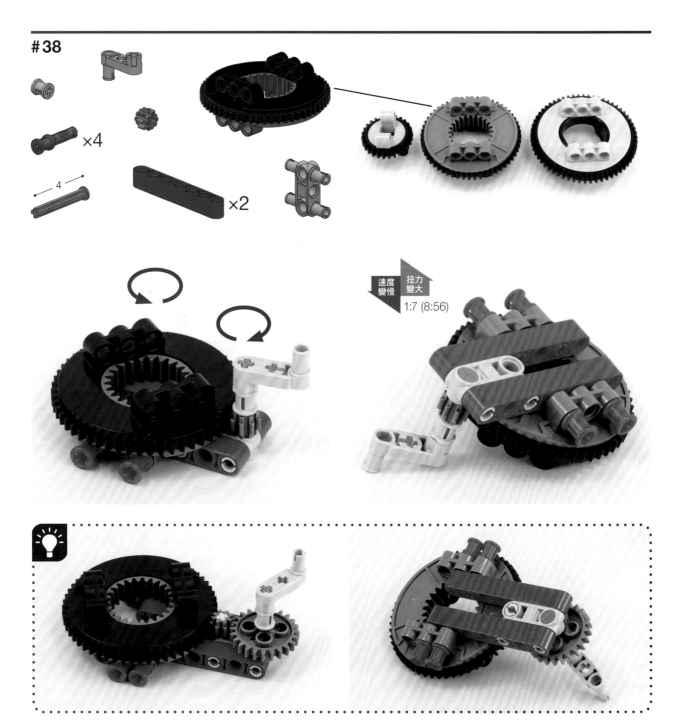

#38

×4

4

×2

速度
變慢 扭力
變大
1:7 (8:56)

#39

×2

×8

— 3

速度變慢 扭力變大
1:5 (12:60)

#40

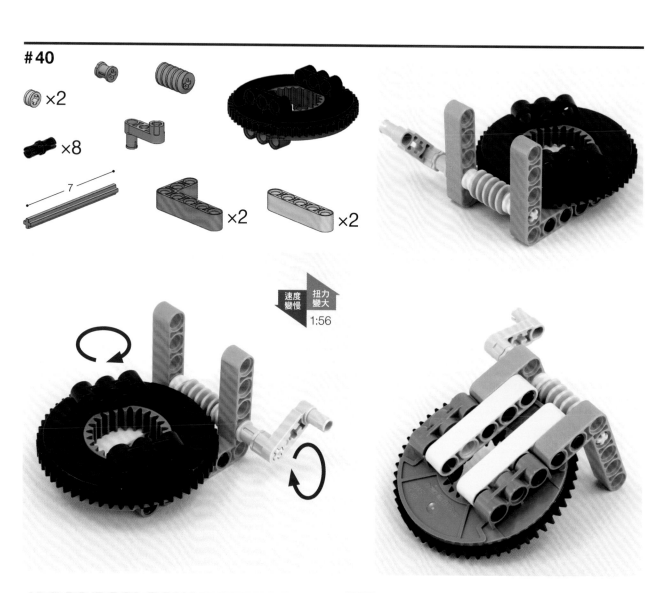

×2

×8

7

×2

×2

速度
變慢 | 扭力
變大
1:56

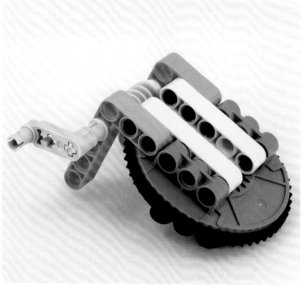

#41

×6

6

×2

×2

×2

×2

#42

×4

— 3 —

— 4 —

×2

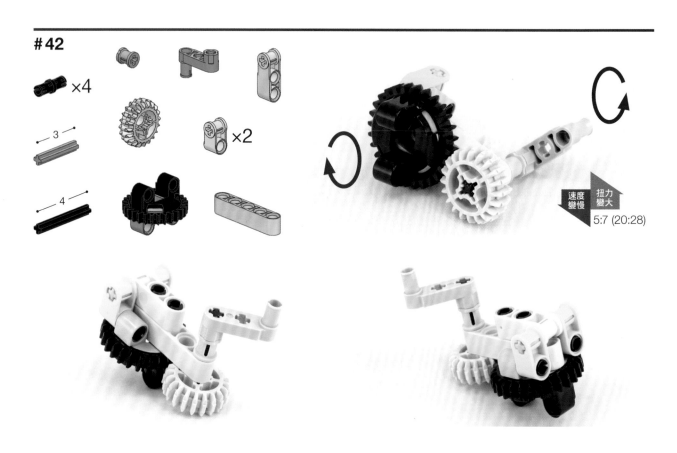

速度
變慢 扭力
變大
5:7 (20:28)

#43

— 3 —

×2

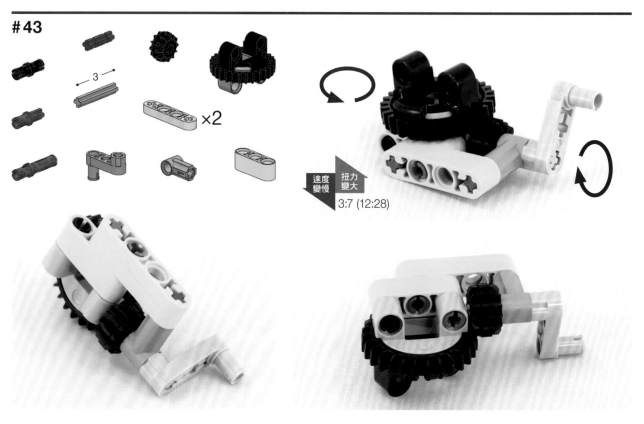

速度
變慢 扭力
變大
3:7 (12:28)

#44

×2

×2 ×2

速度
變慢 | 扭力
變大
1:3 (8:24)

改變轉軸的角度

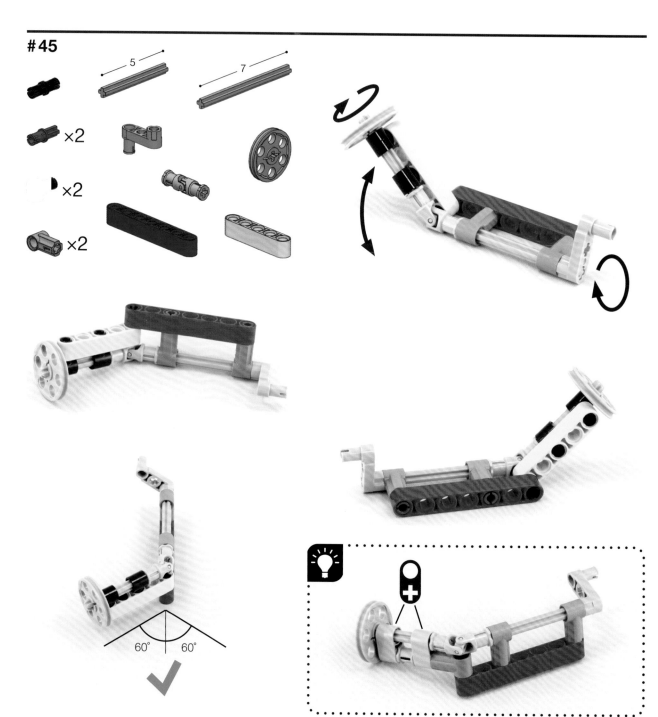

#46

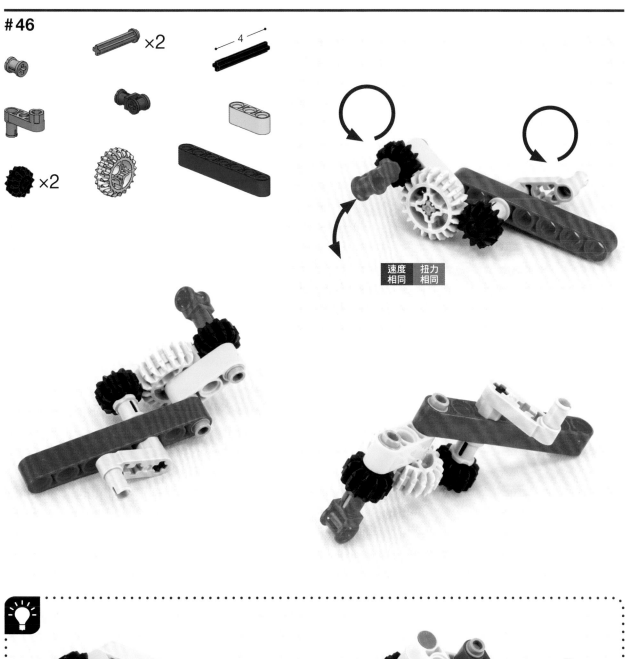

速度 扭力
相同 相同

#47

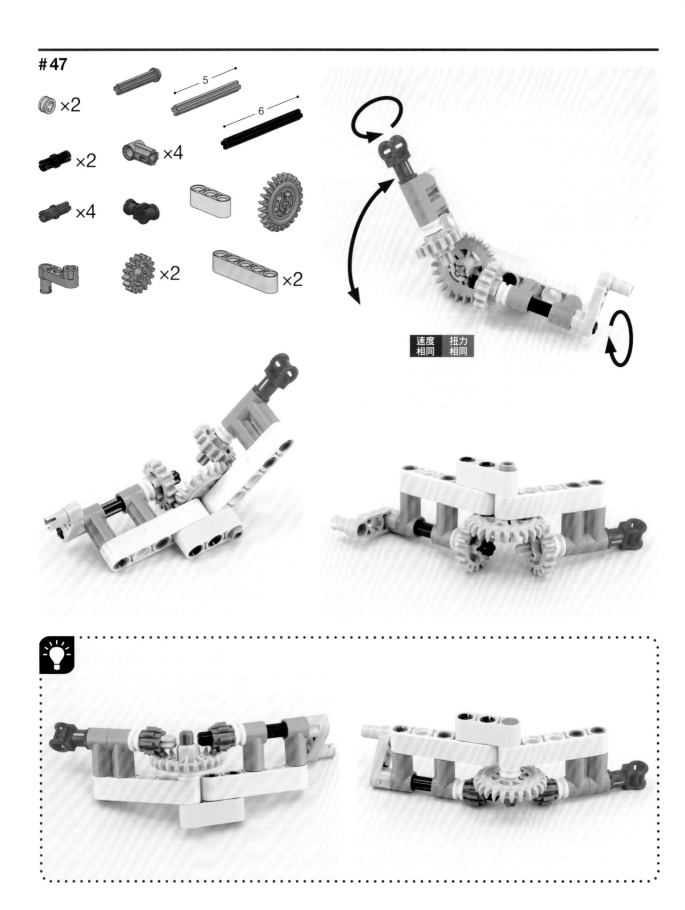

速度 扭力
相同 相同

#48

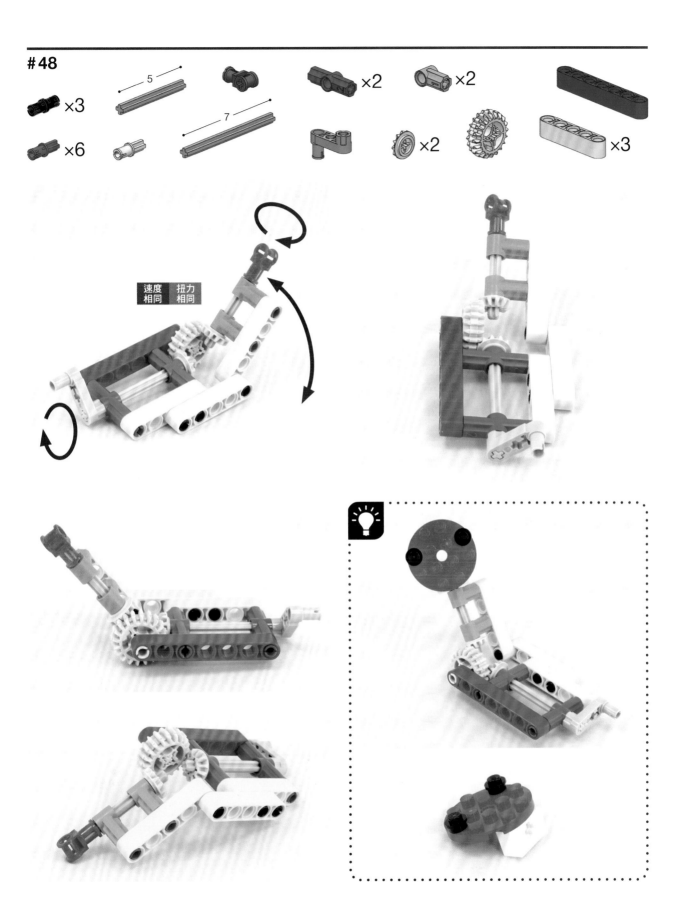

×3

×6

5

7

×2

×2

×3

速度
相同
扭力
相同

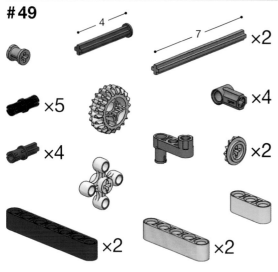

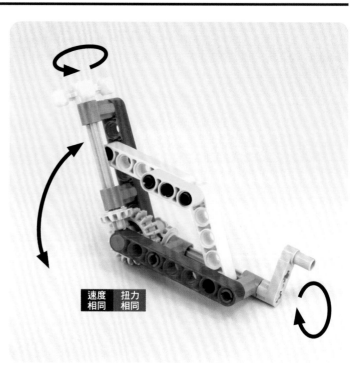

速度　扭力
相同　相同

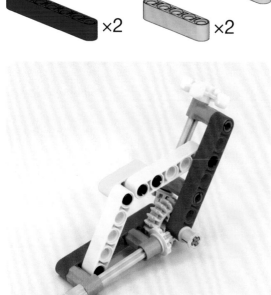

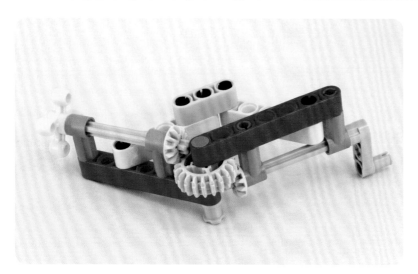

#50

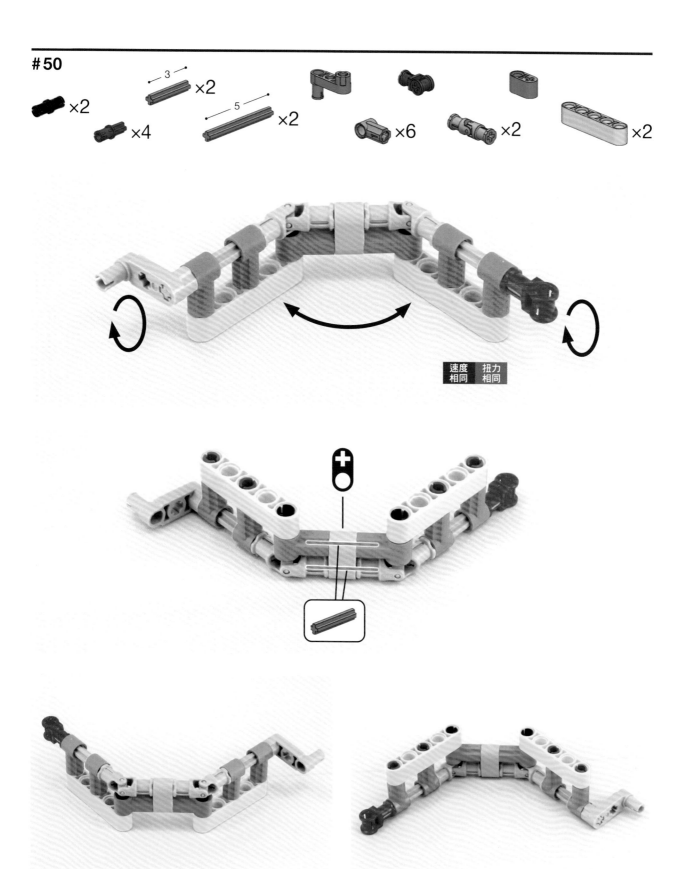

#51

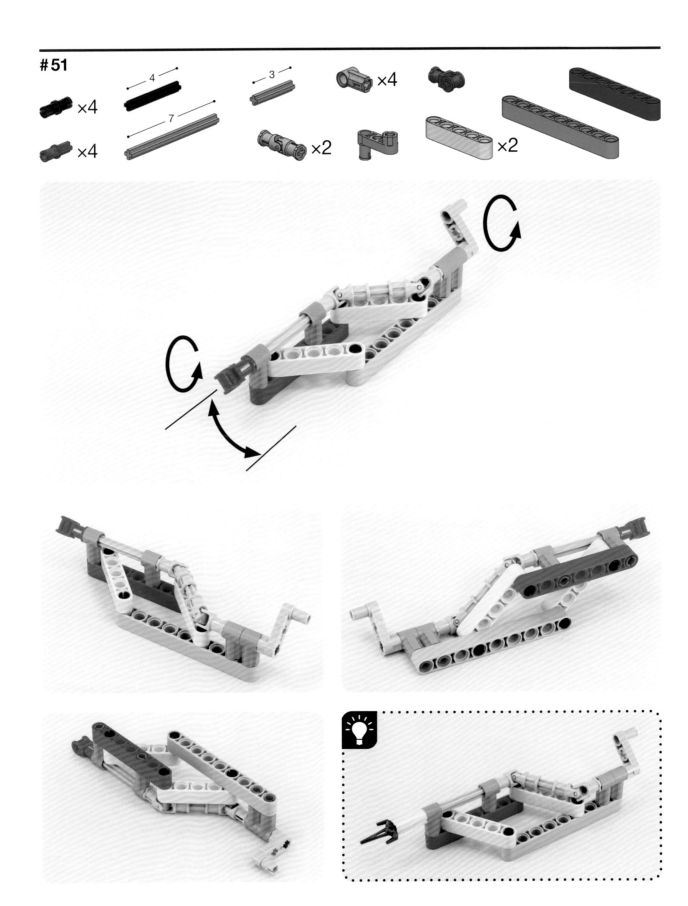

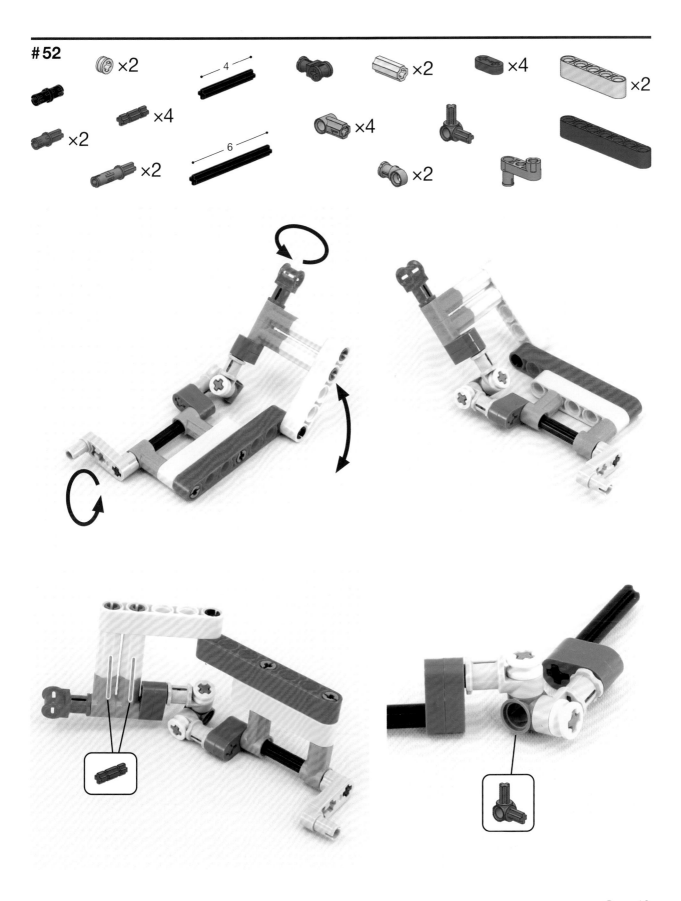

使用橡皮筋來帶動

#53

×2 ×2 ×2

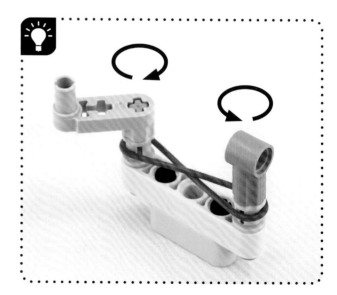

#54

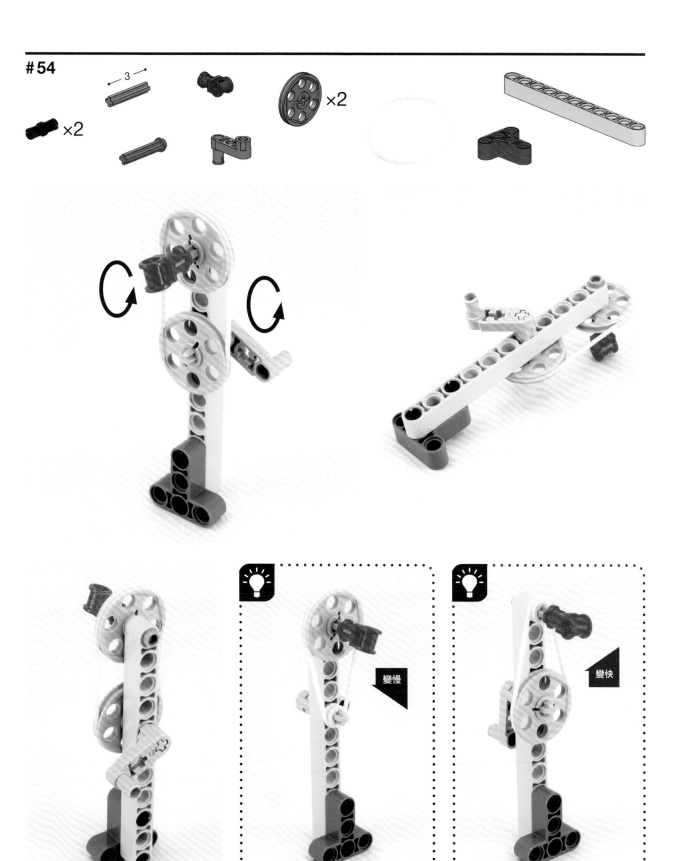

變慢

變快

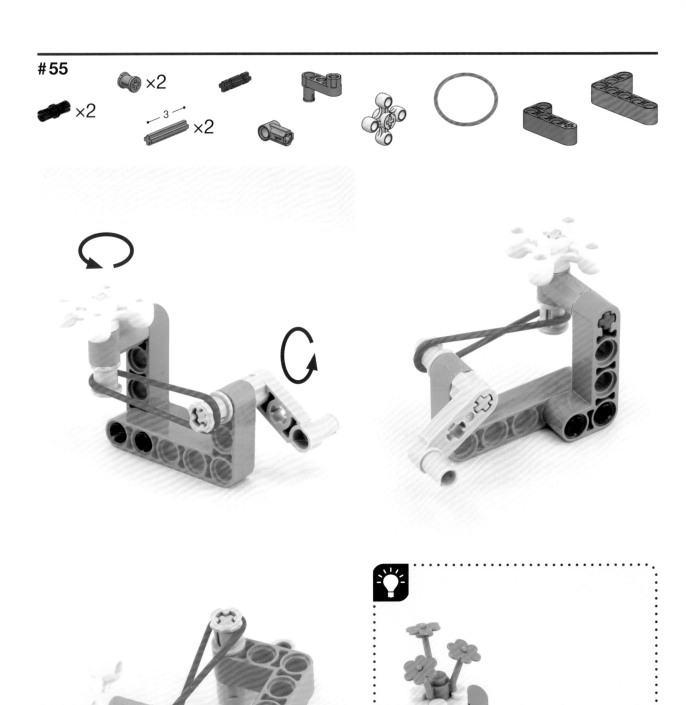

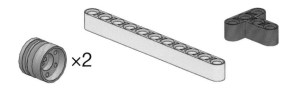

使用兩條橡皮筋可以
傳遞更多動力。

#57

  ×2   ×3

常見的
橡皮筋

 ×3

 ×8   ×2 ×2

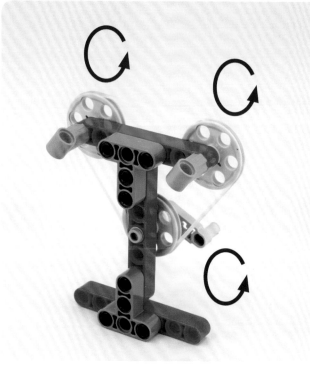

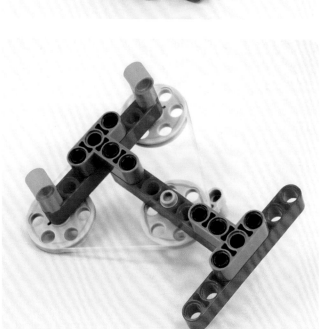

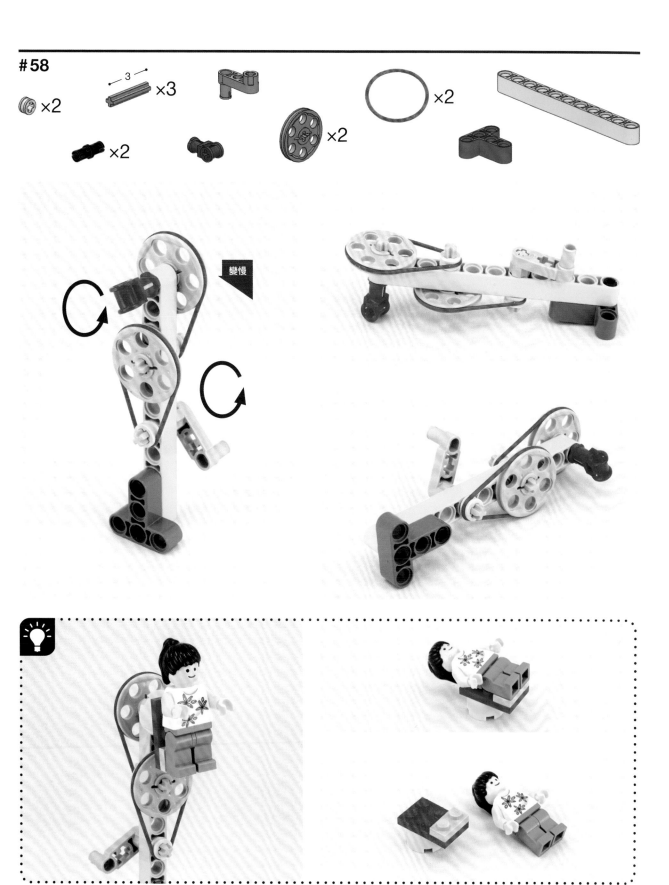

變慢

使用鏈條與履帶來帶動

×2 ×4 3 ×27 ×2 ×2 ×2

速度	扭力
相同	相同

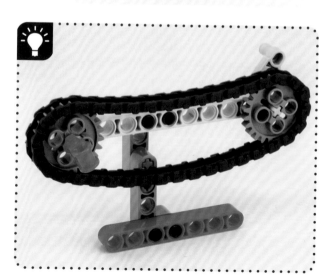

#60

×2　　4　　　　×27

×2　　4

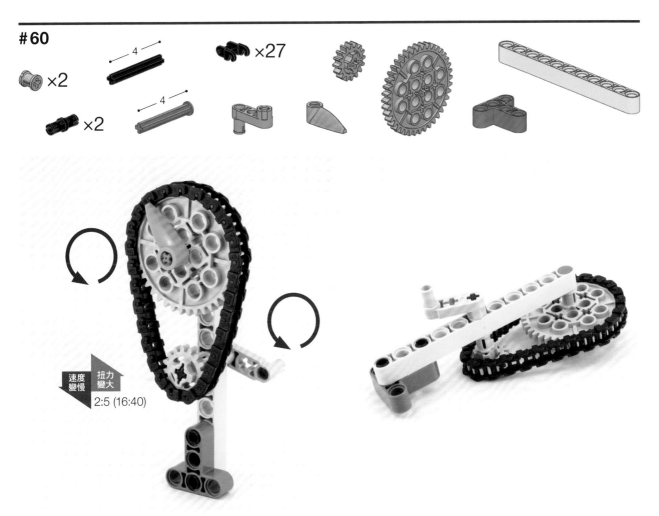

速度
變慢　扭力
變大
2:5 (16:40)

速度
變快　扭力
變小
5:2 (40:16)

速度
變慢　扭力
變大
2:3 (16:24)

#61

×3

4

6

×4

×31

速度
變快 | 扭力
變小
5:3 (40:24)

#62

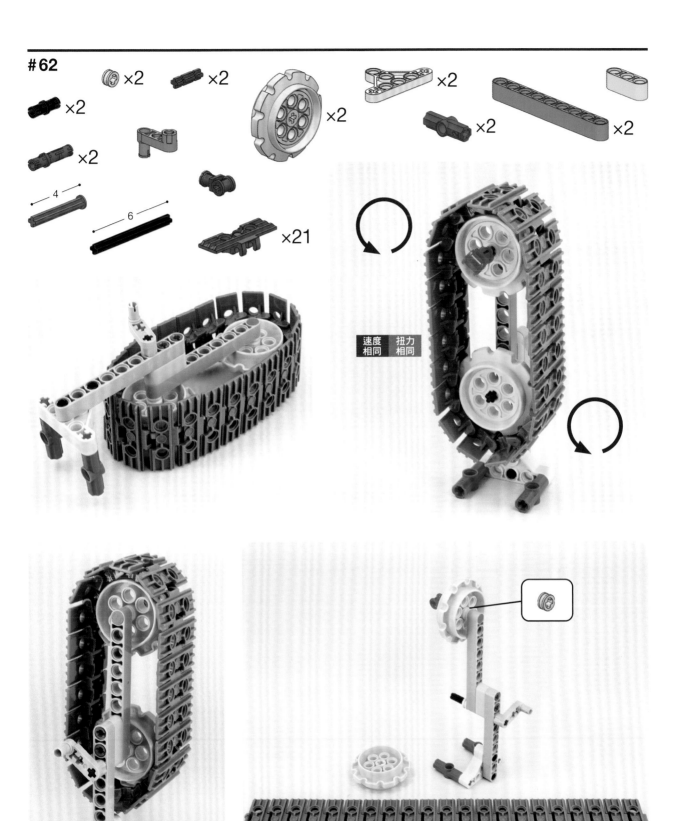

速度　扭力
相同　相同

×2 ×2 ×2 ×2 ×2 ×2 ×2 ×2 ×2 4 6 ×21

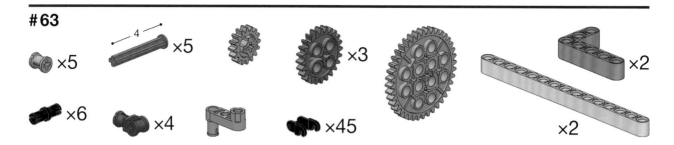

#63

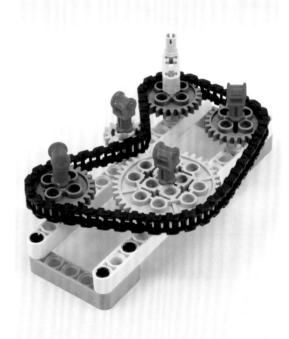

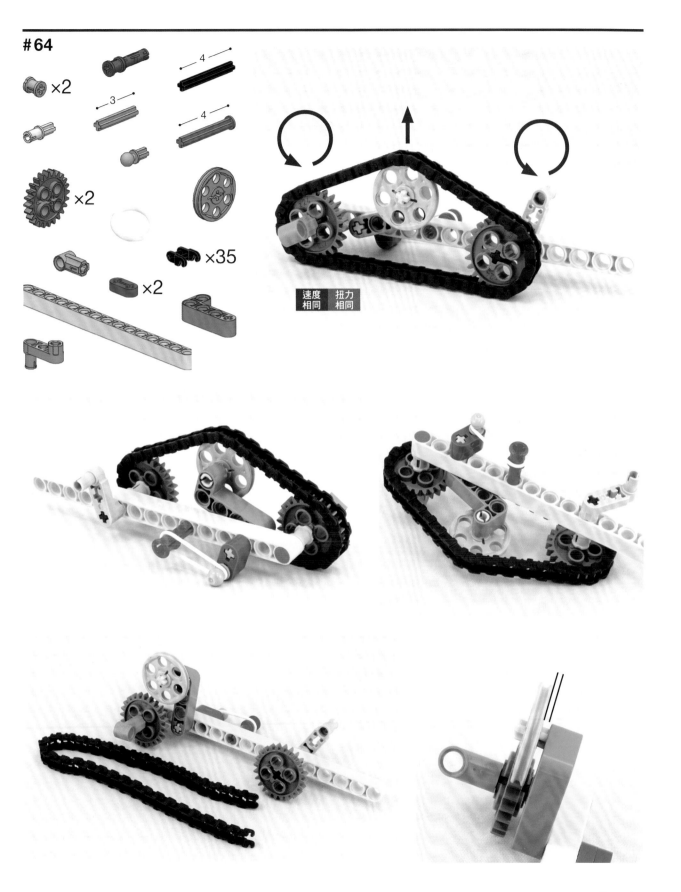

#64

×2

×2

×35

×2

速度 扭力
相同 相同

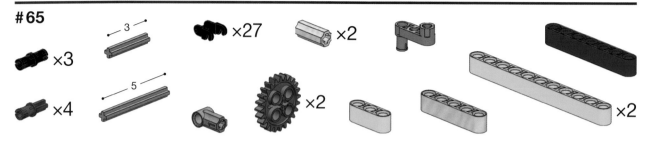

×3

—3—

×27

×2

×2

×4

—5—

×2

×2

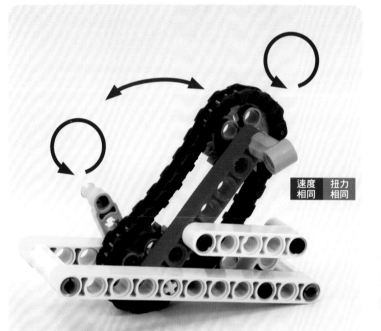

速度
相同

扭力
相同

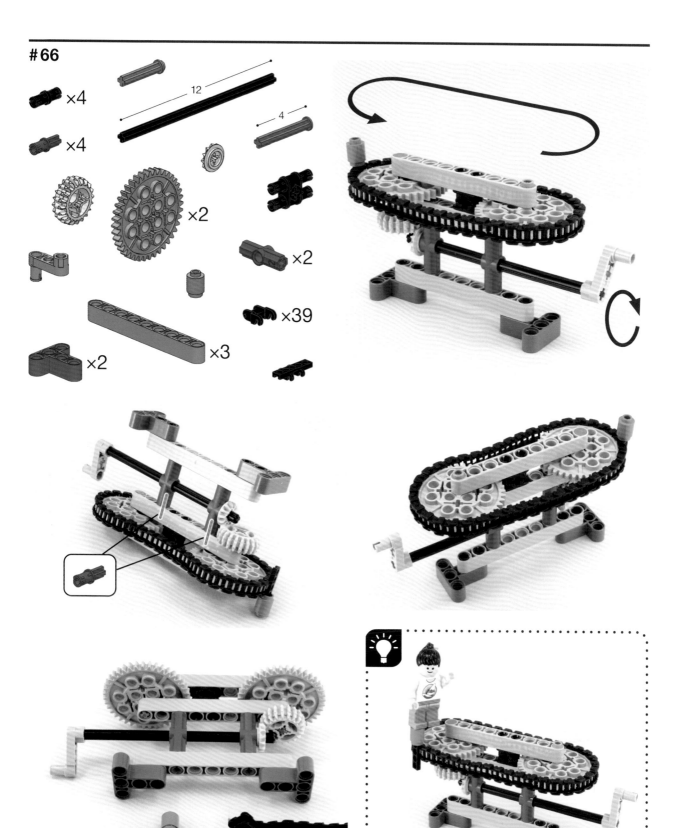

×4
×4
12
4
×2
×2
×39
×3
×2

擺動式機構

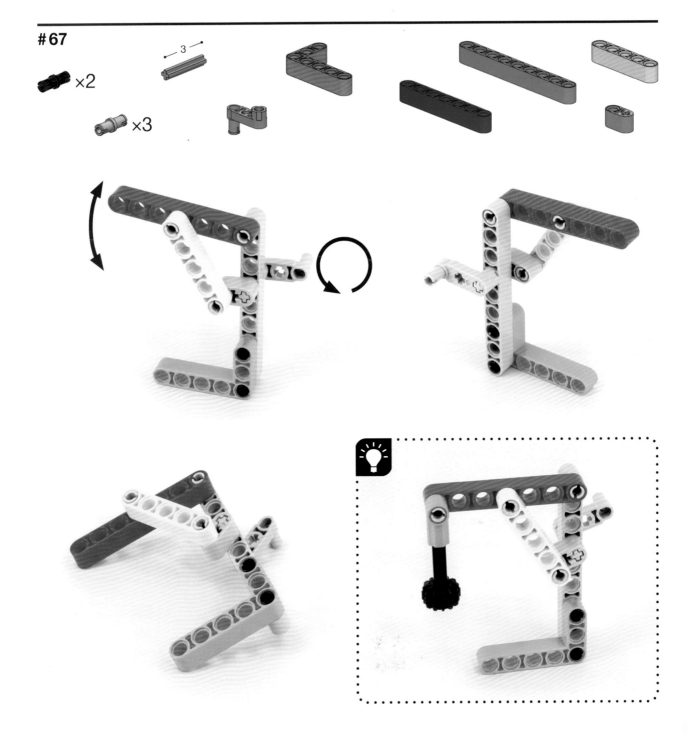

#68

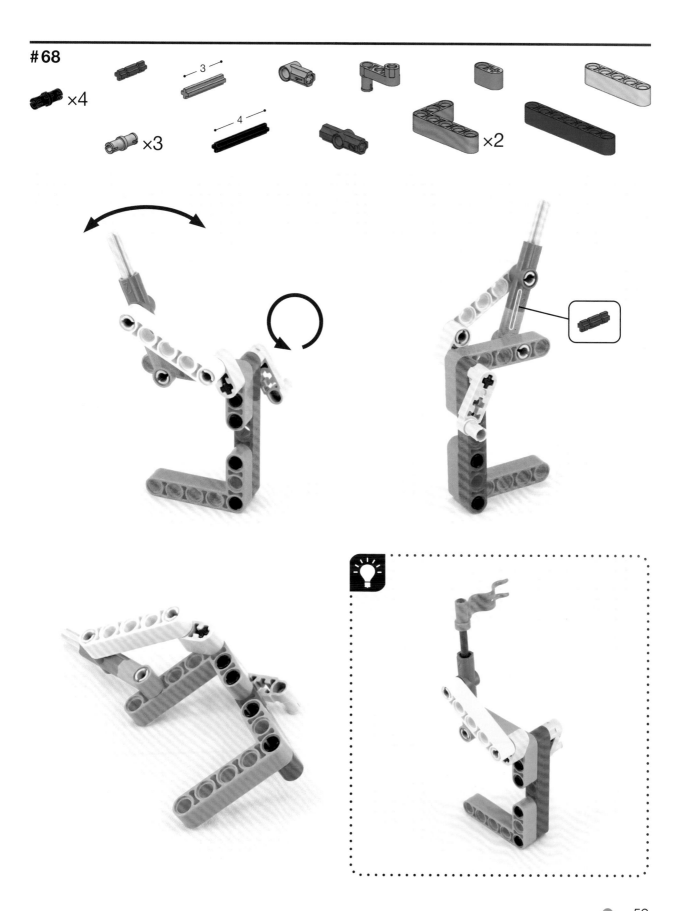

#69

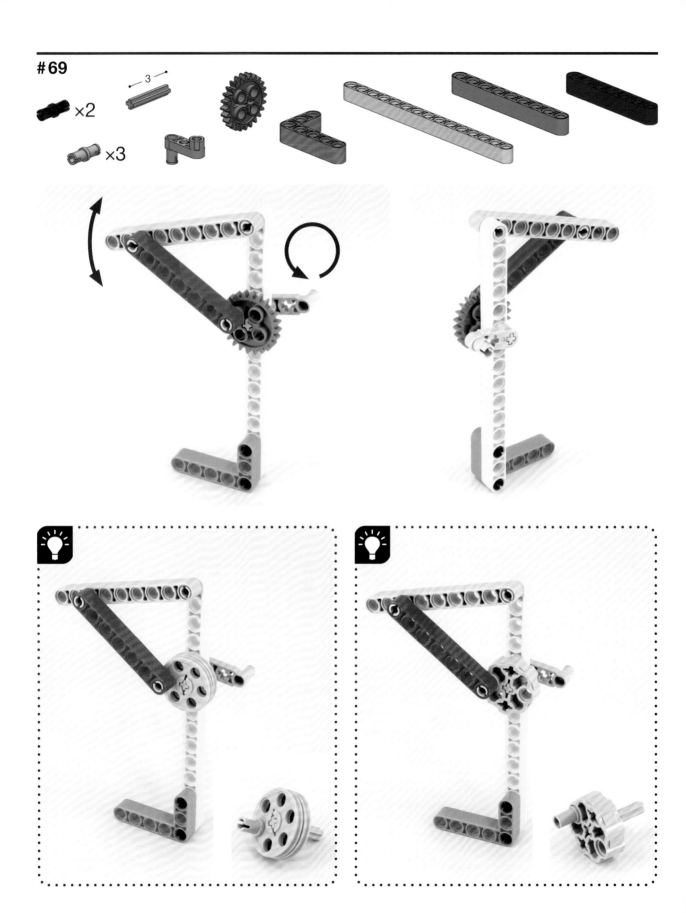

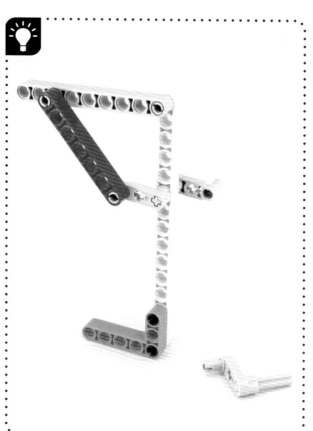

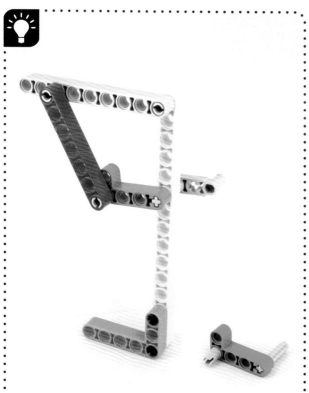

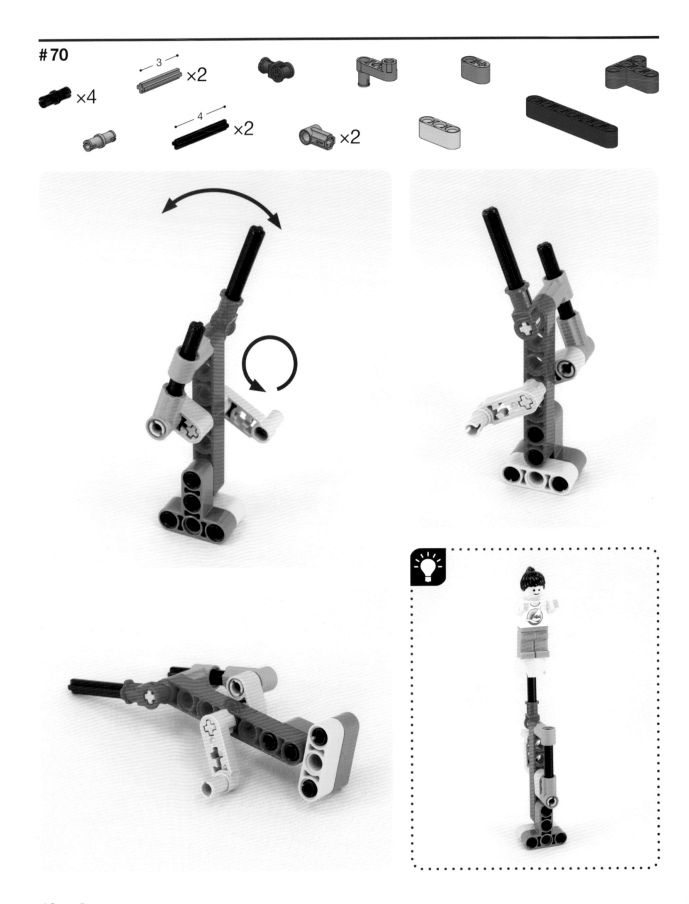

×4
3 ×2
4 ×2
×2

#71

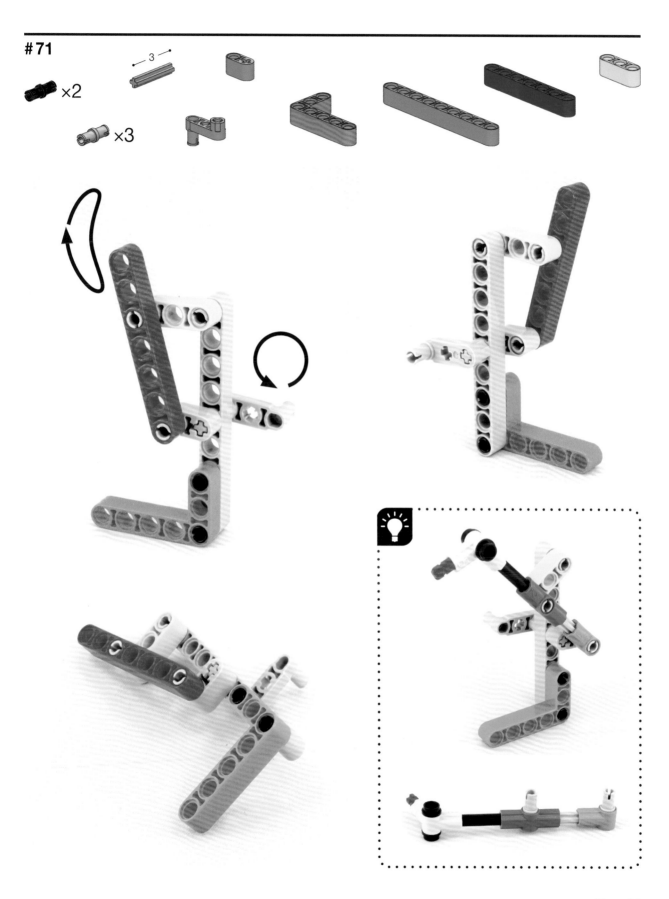

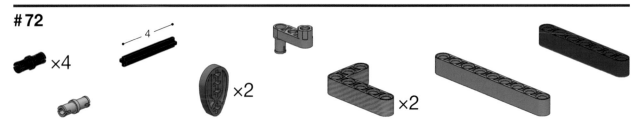

×4

×2

×2

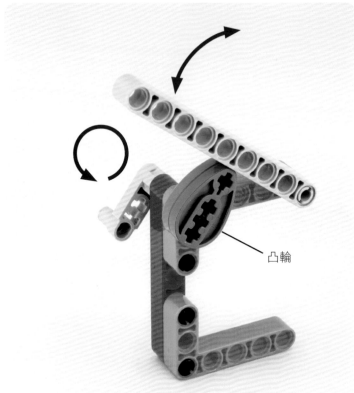

凸輪

#73

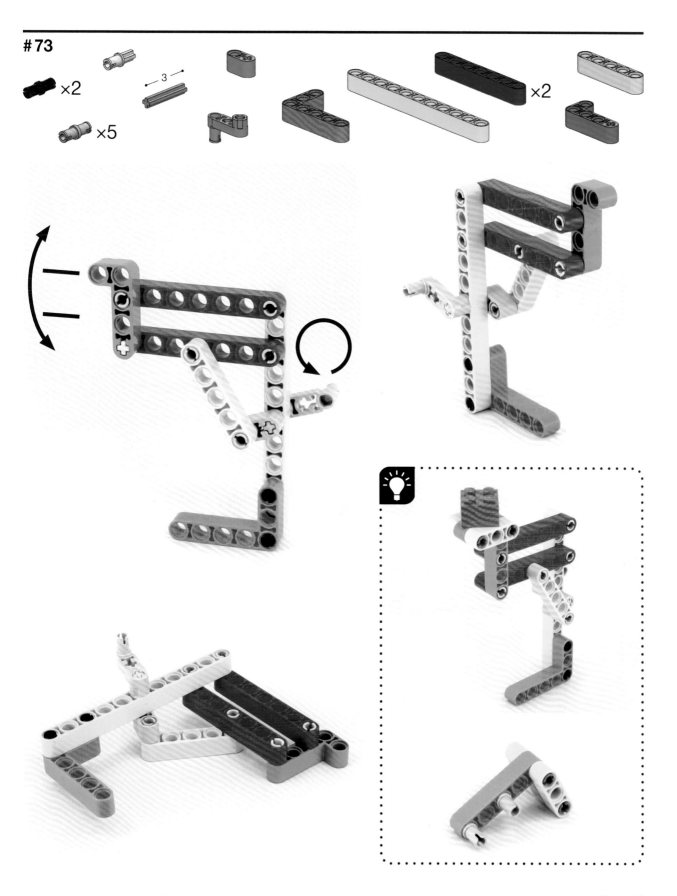

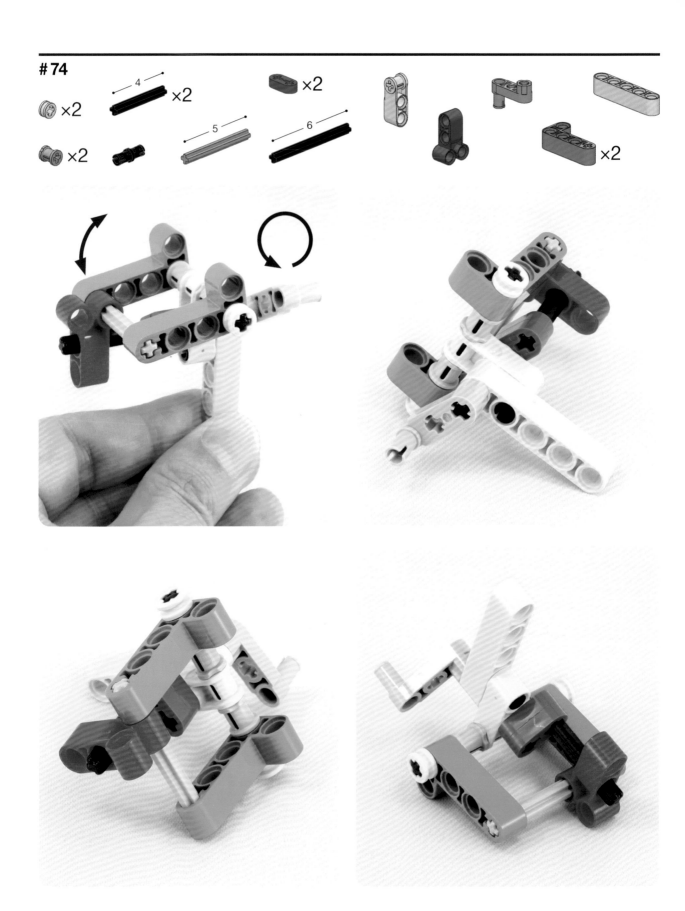

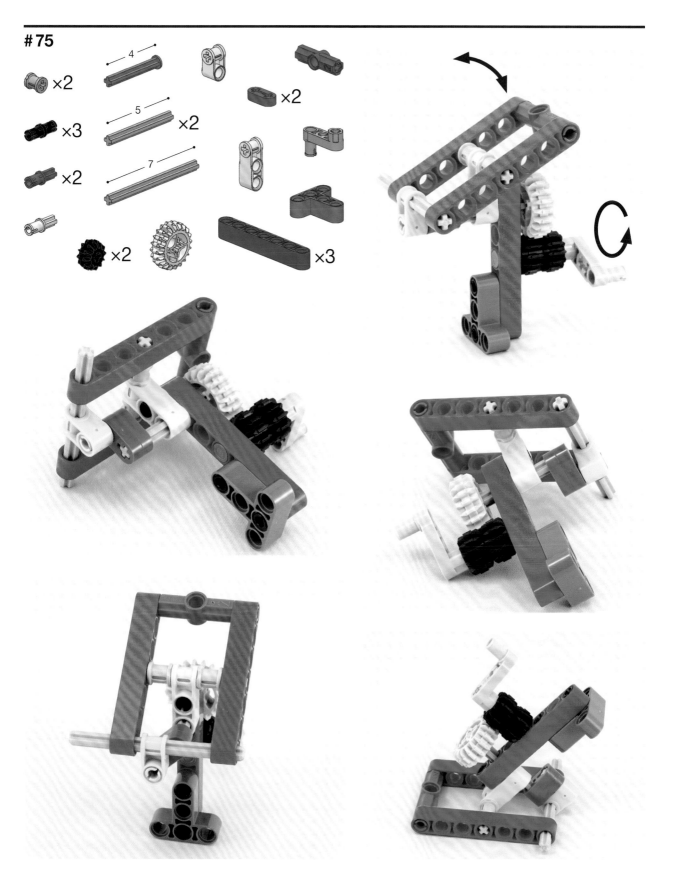

×2
×3
×2

4
5 ×2
7

×2

×2

×2

×3

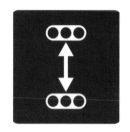

往復式機構

#76

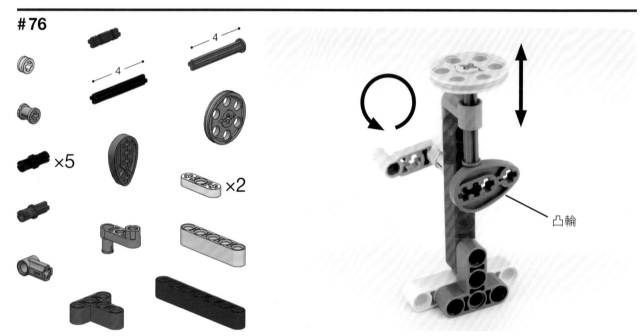

×5

×2

4

4

凸輪

#77

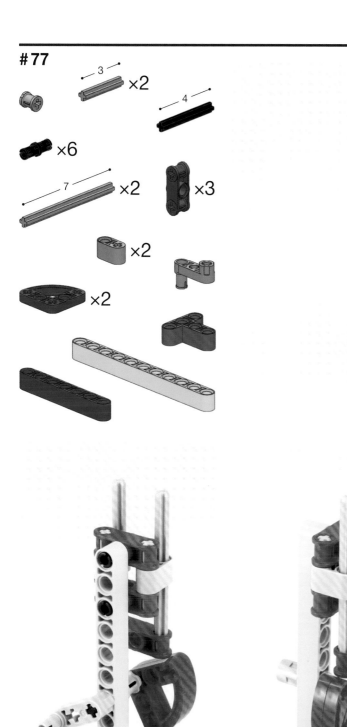

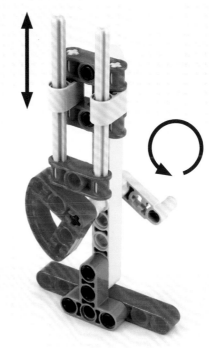

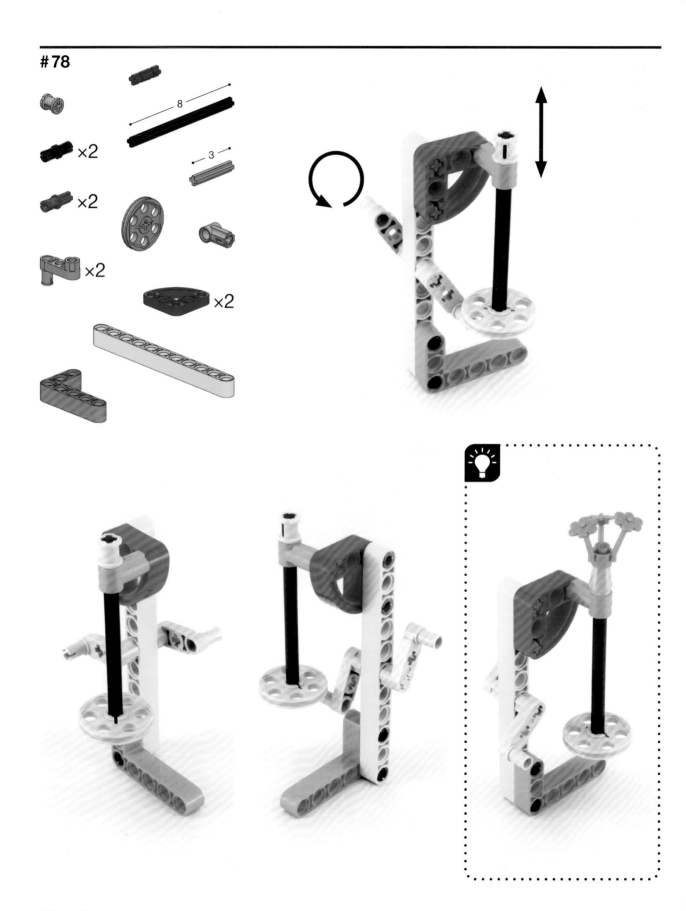

#79

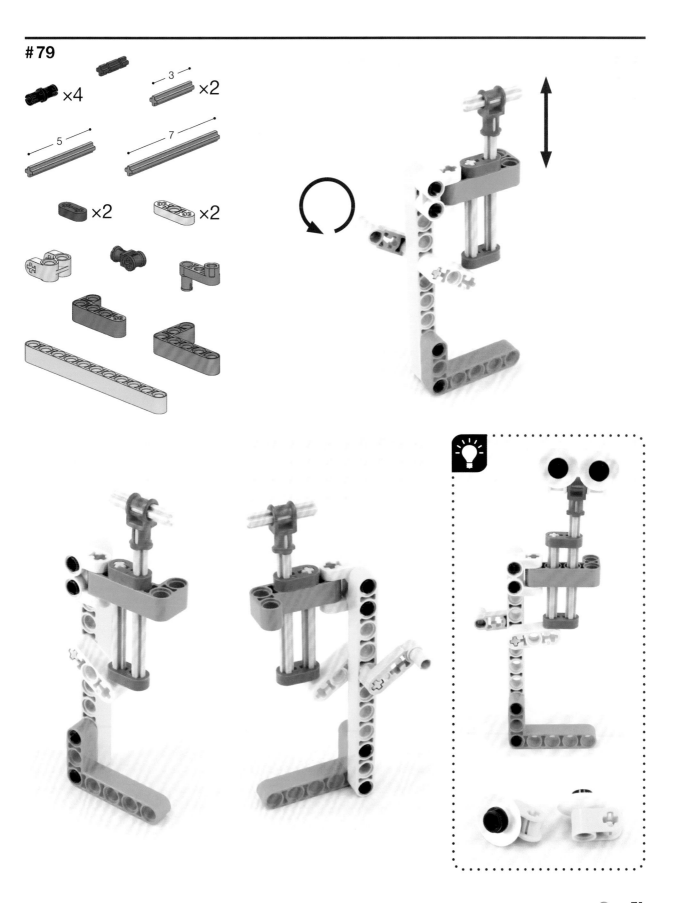

#80

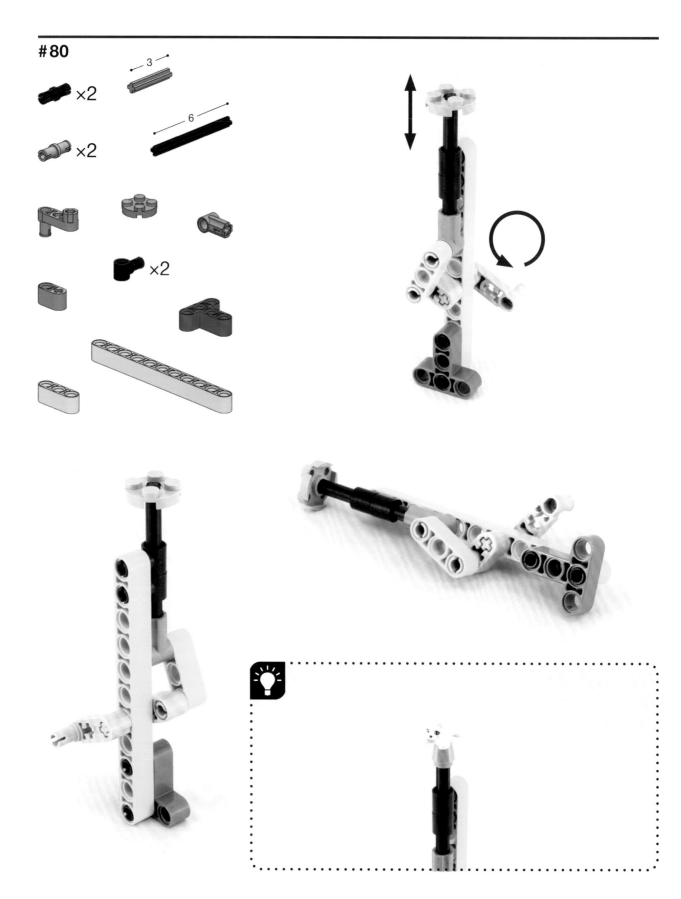

#81

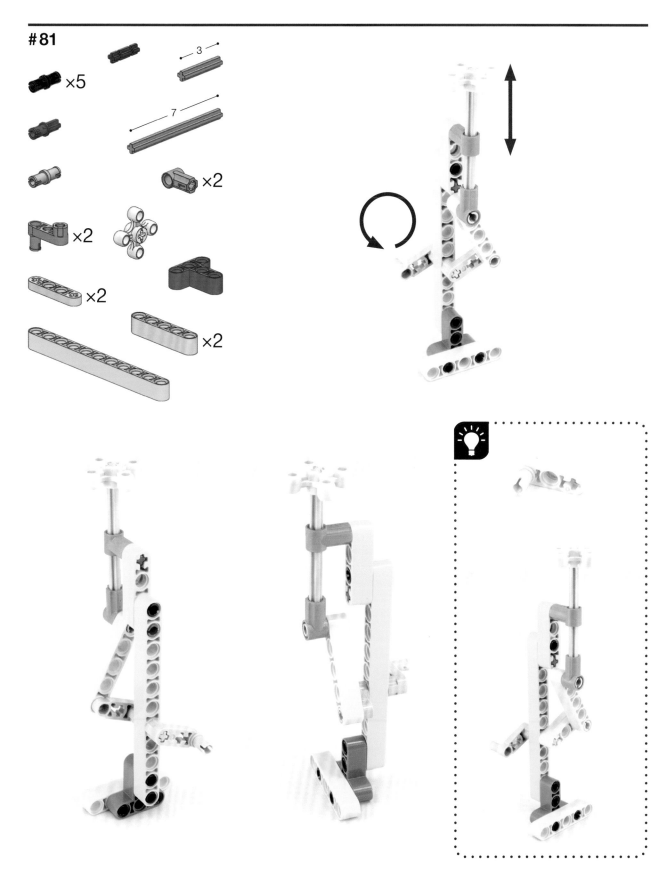

#82

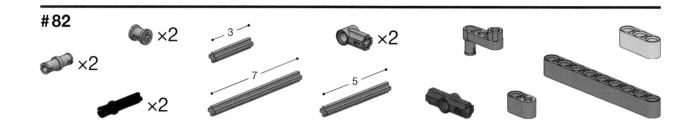

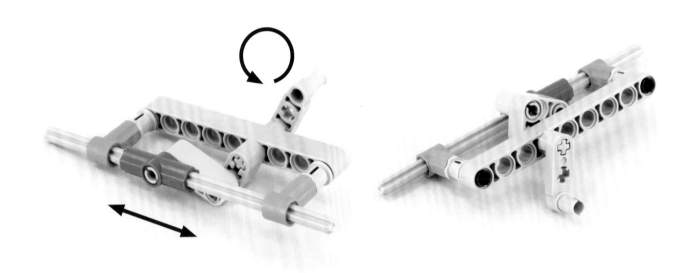

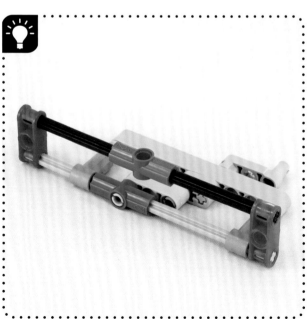

#83

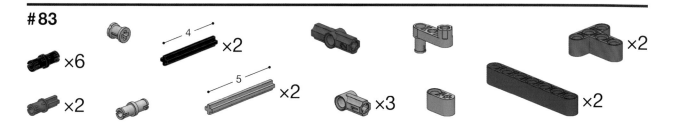

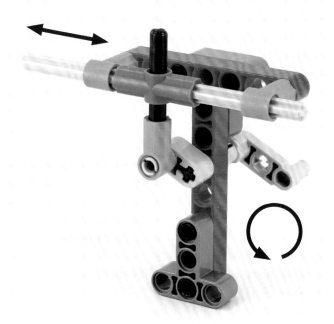

#84

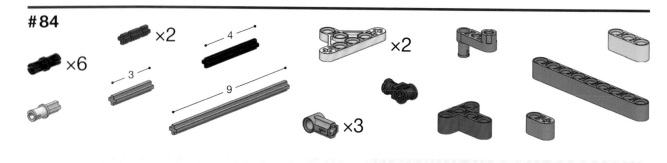

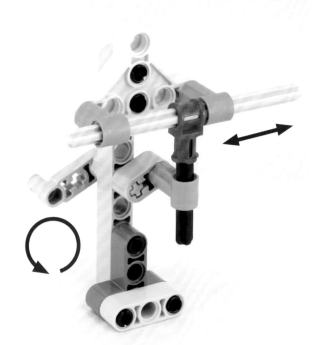

#85

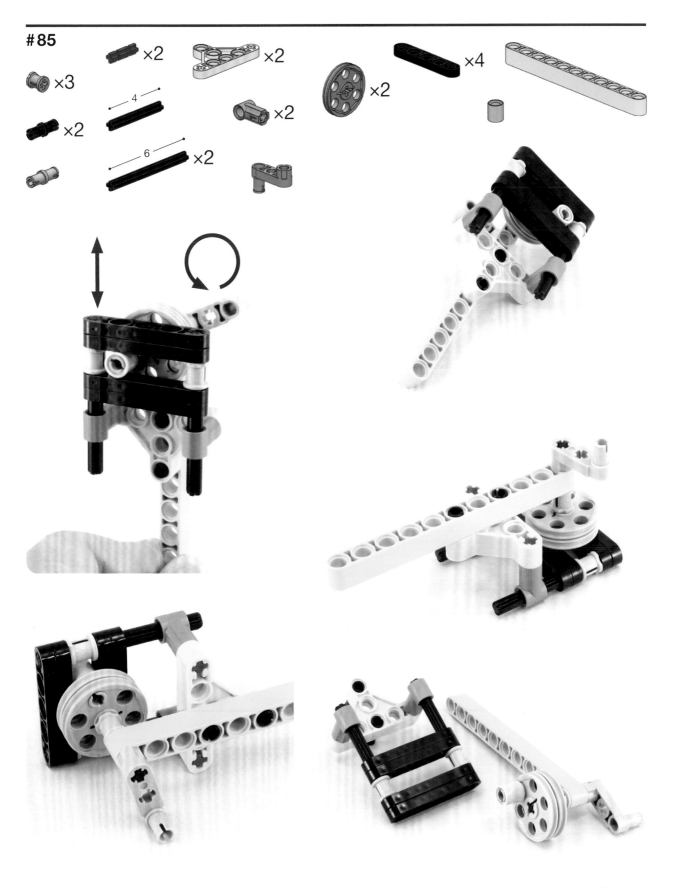

#86

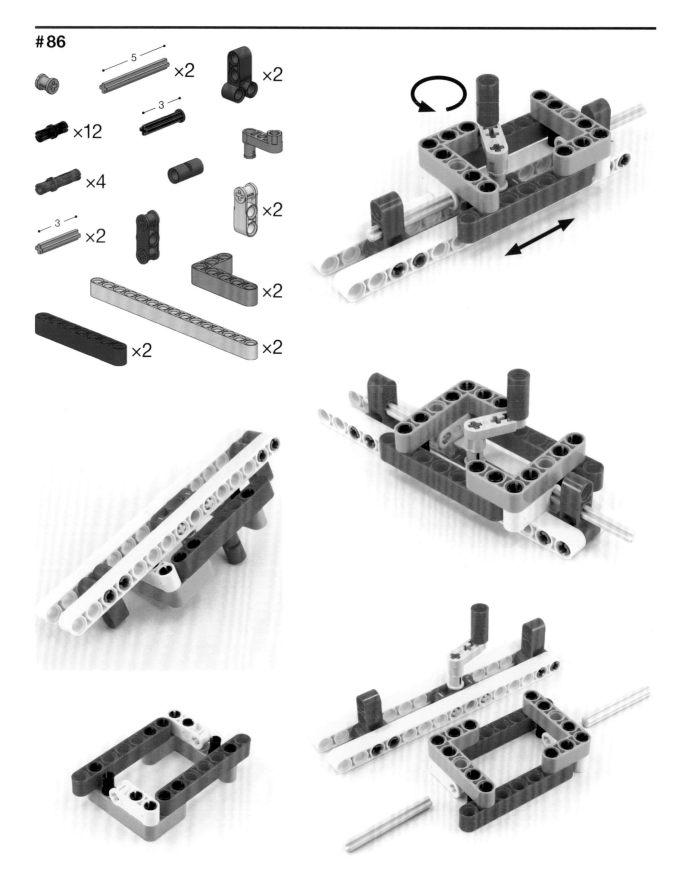

#87

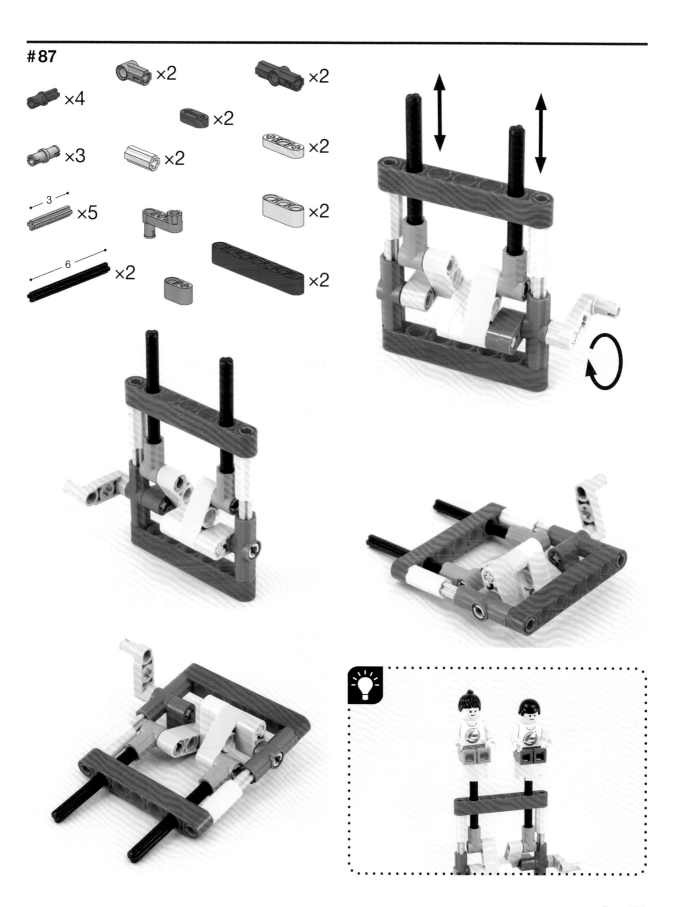

齒條與小齒輪

#88

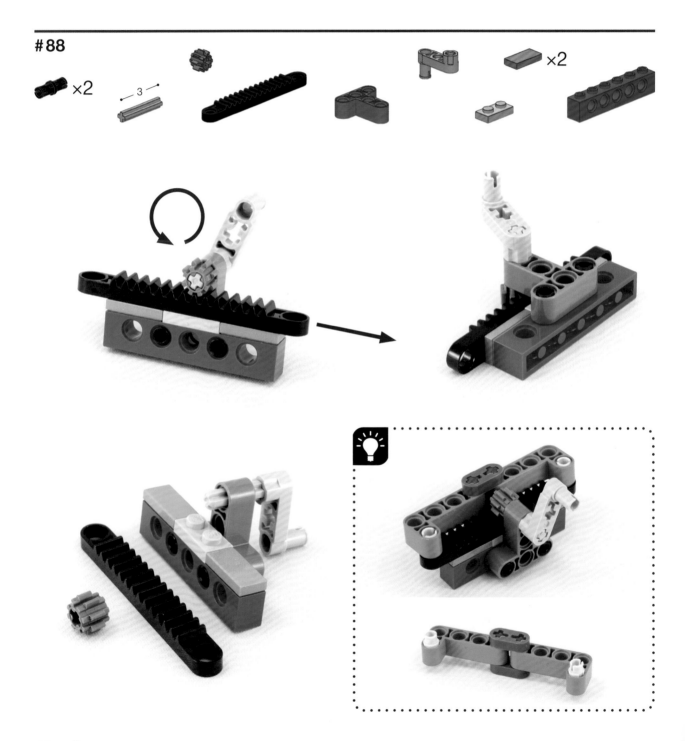

#89

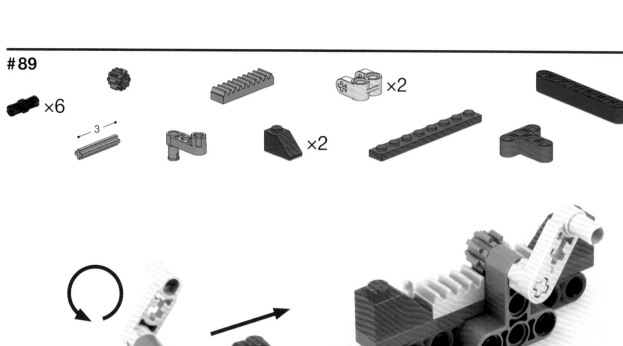

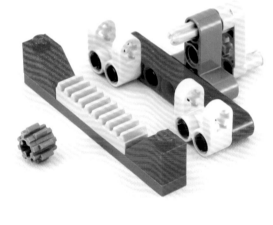

#90

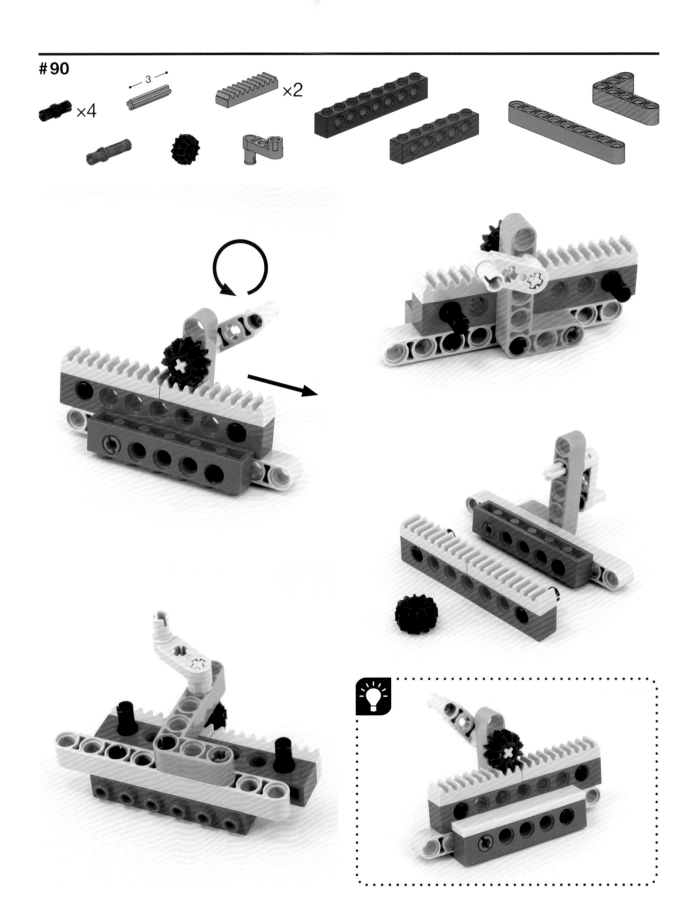

#91

×2

×2

— 4 —

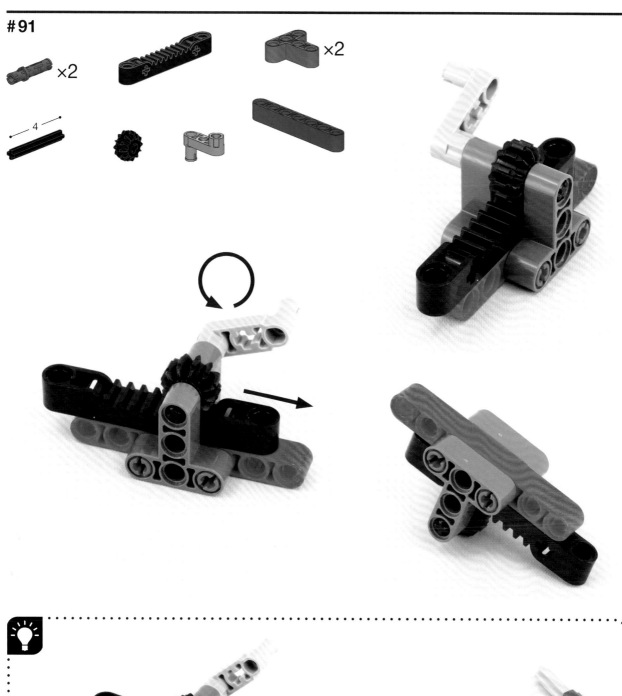

#92

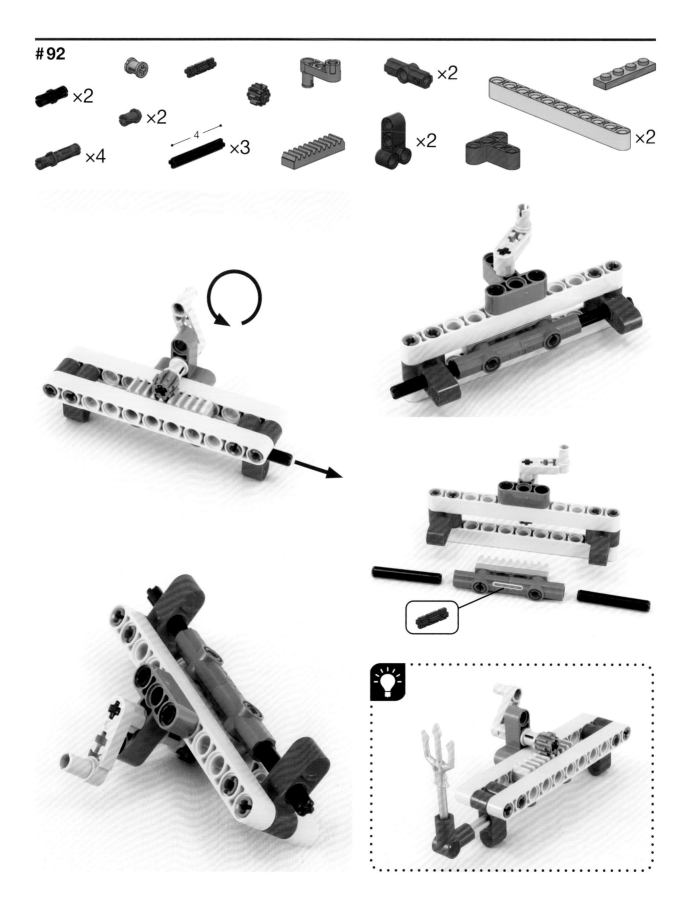

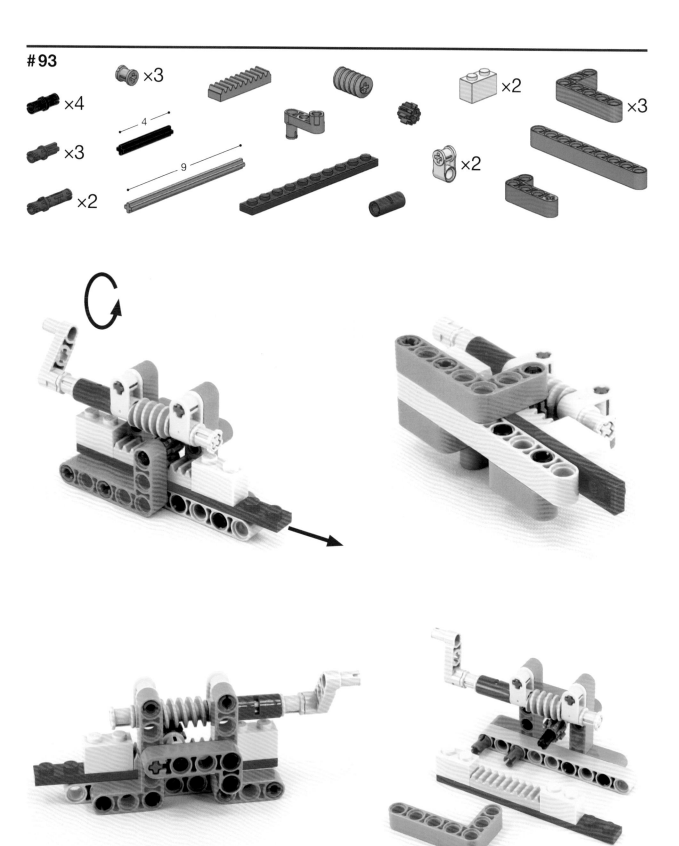

#94

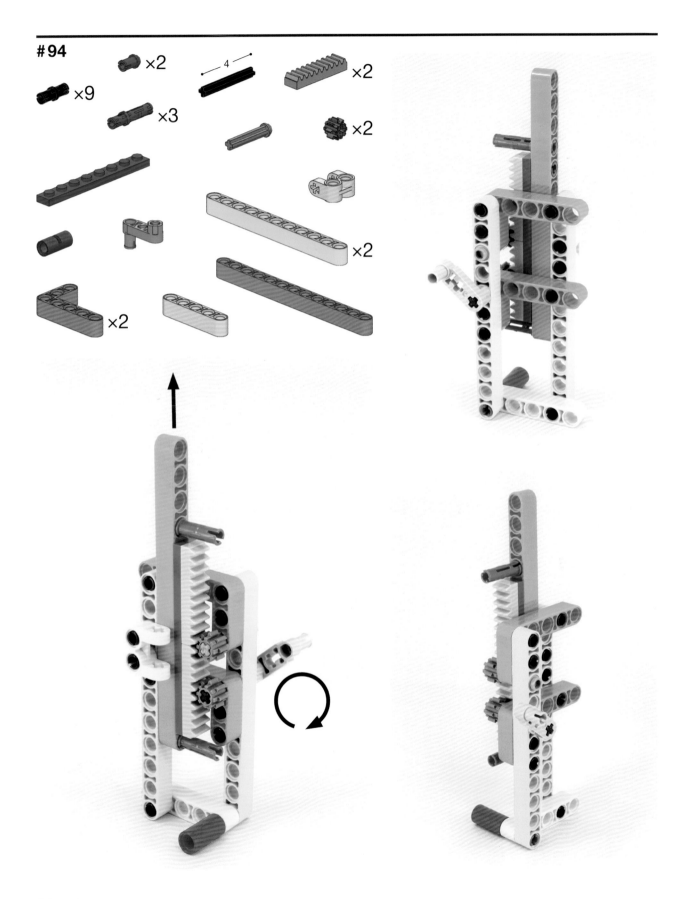

×2
×9
×3
4
×2
×2
×2
×2
×2

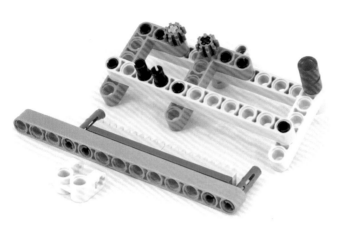

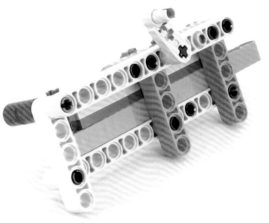

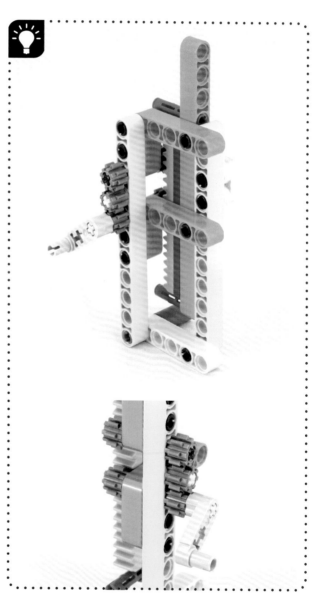

#95

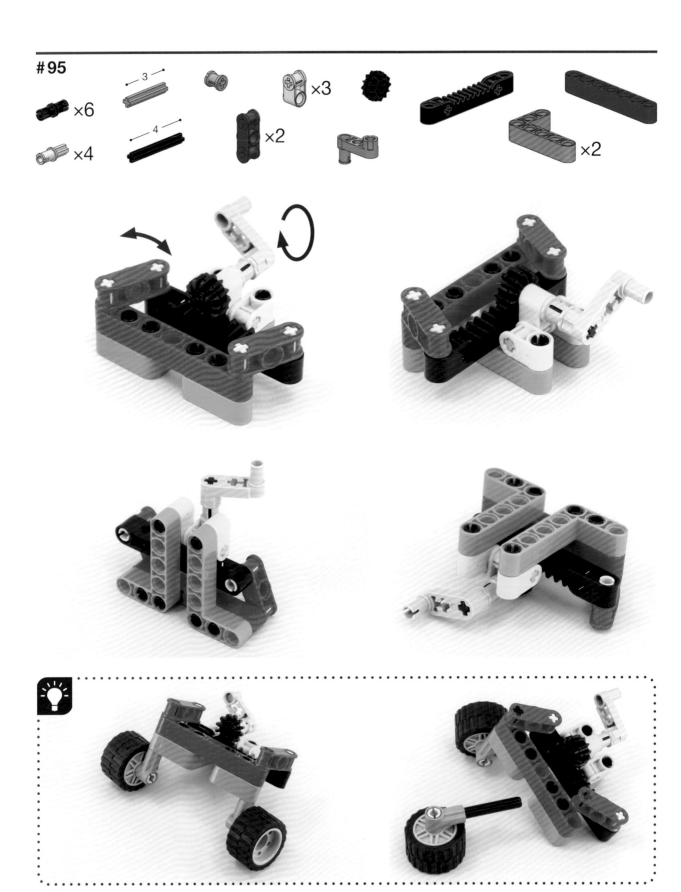

#96

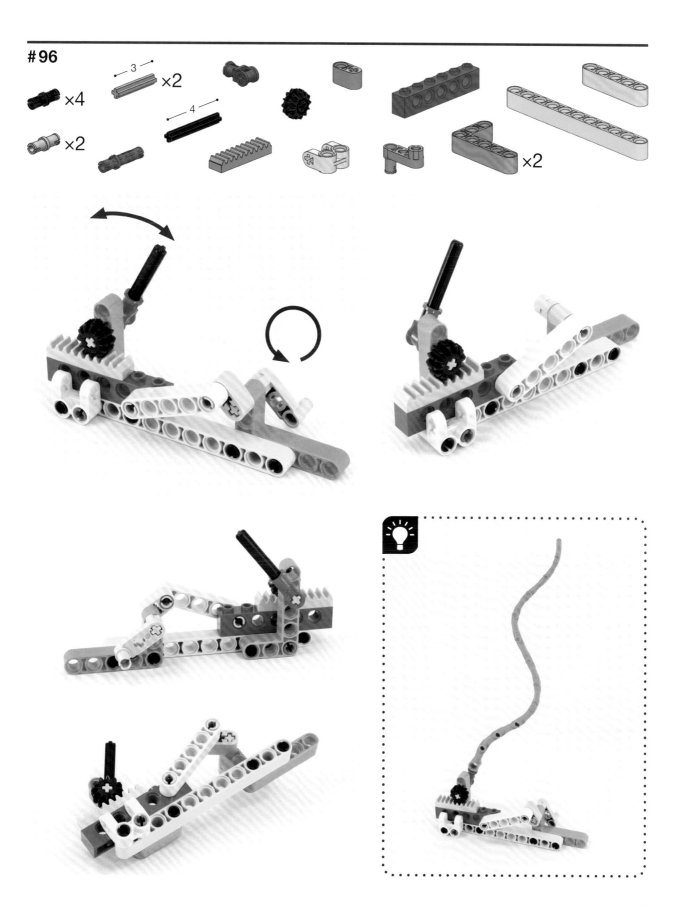

第 2 篇
會動的小車

簡易車體

#97

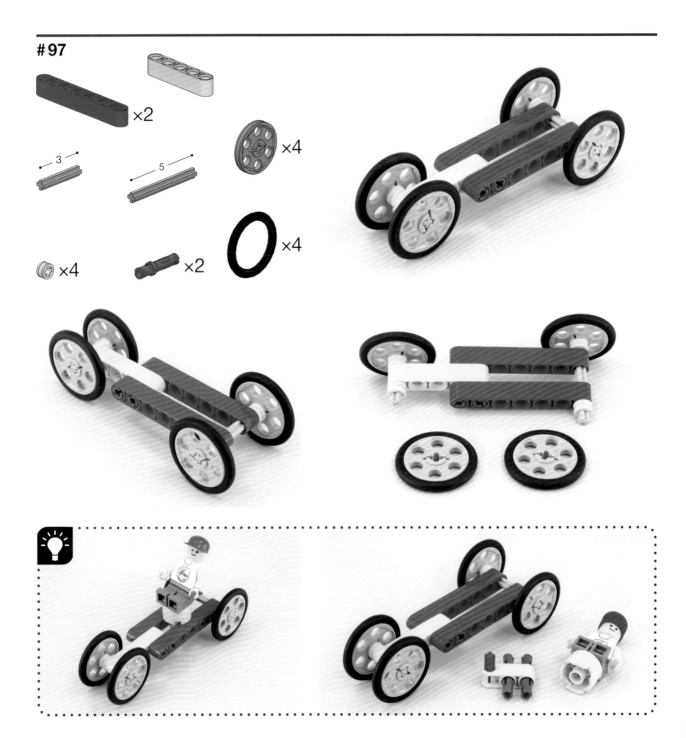

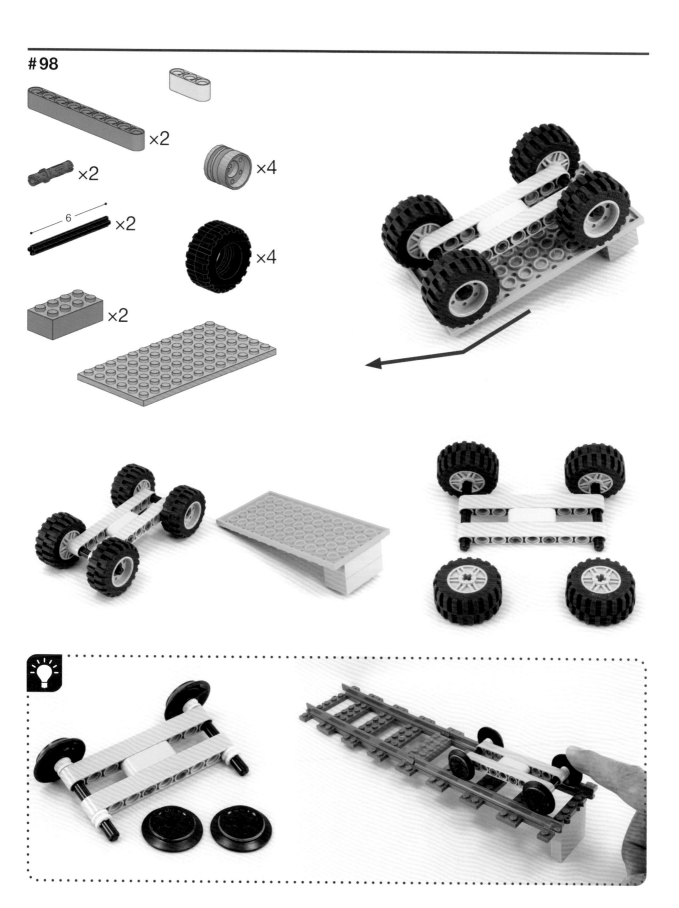

#99

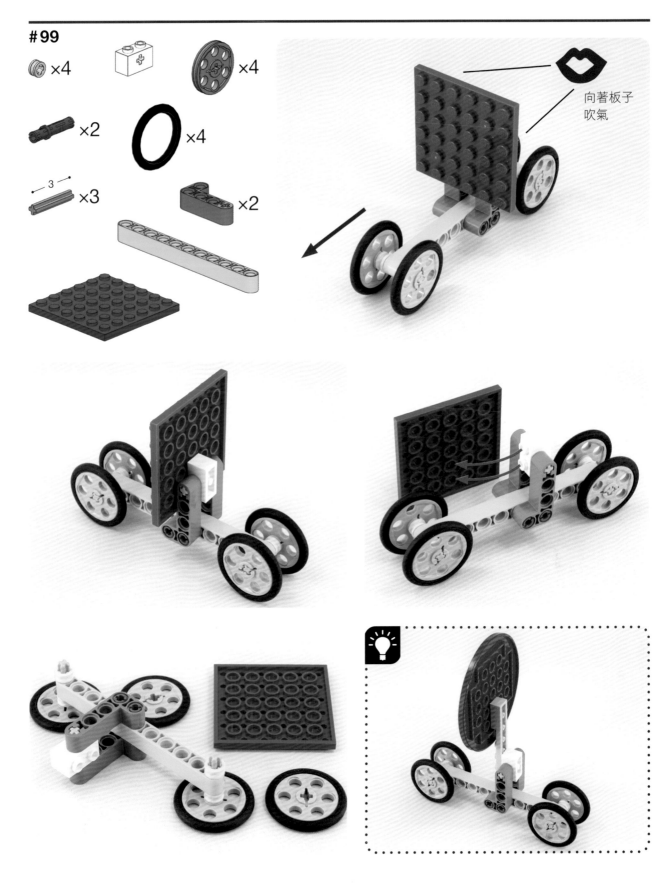

×4

×4

×2

×4

3

×3

×2

向著板子
吹氣

#100

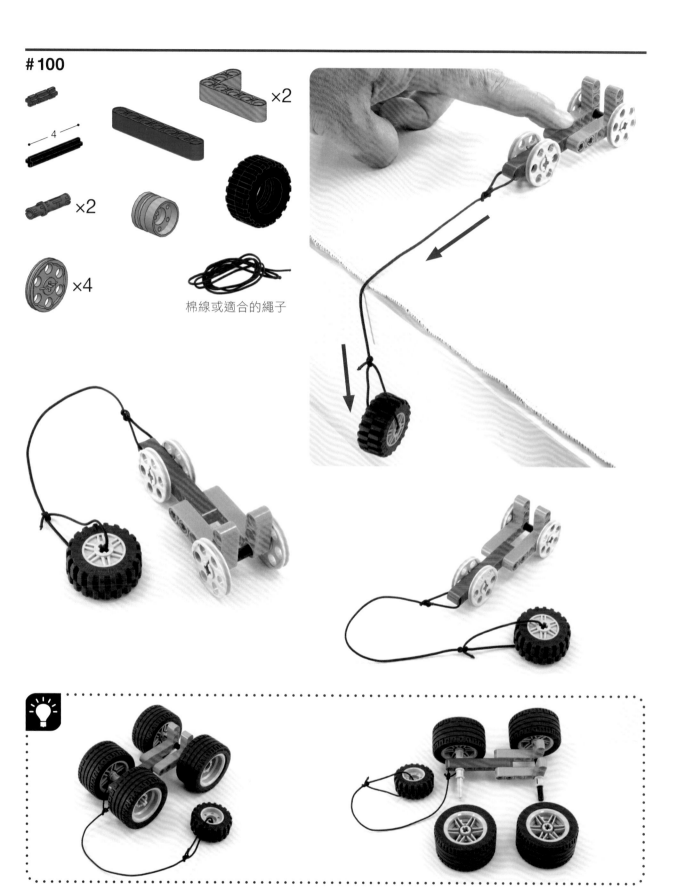

棉線或適合的繩子

轉個不停的小車

#101

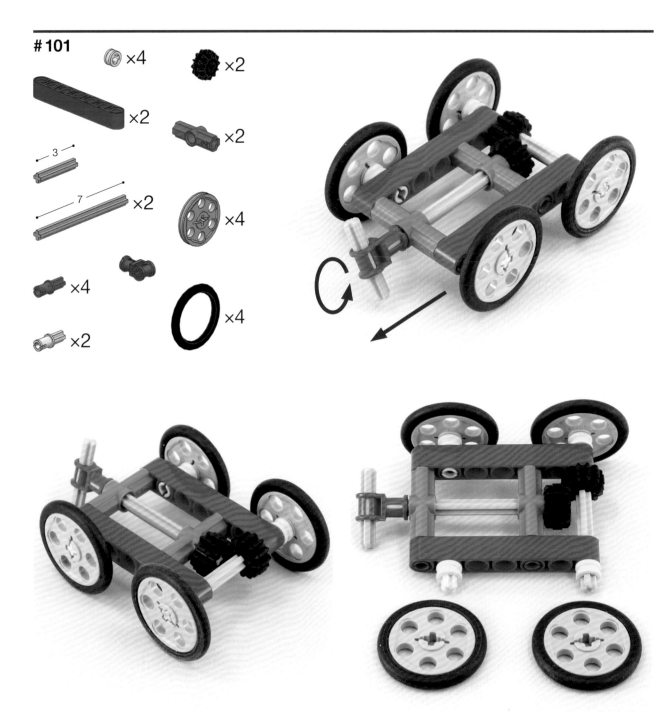

#102

#103

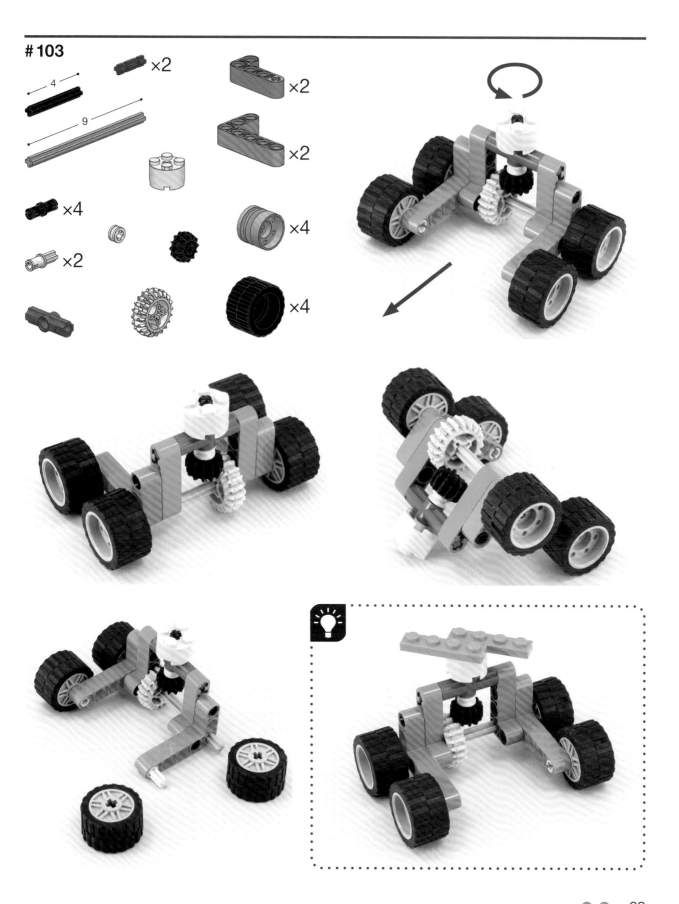

#104

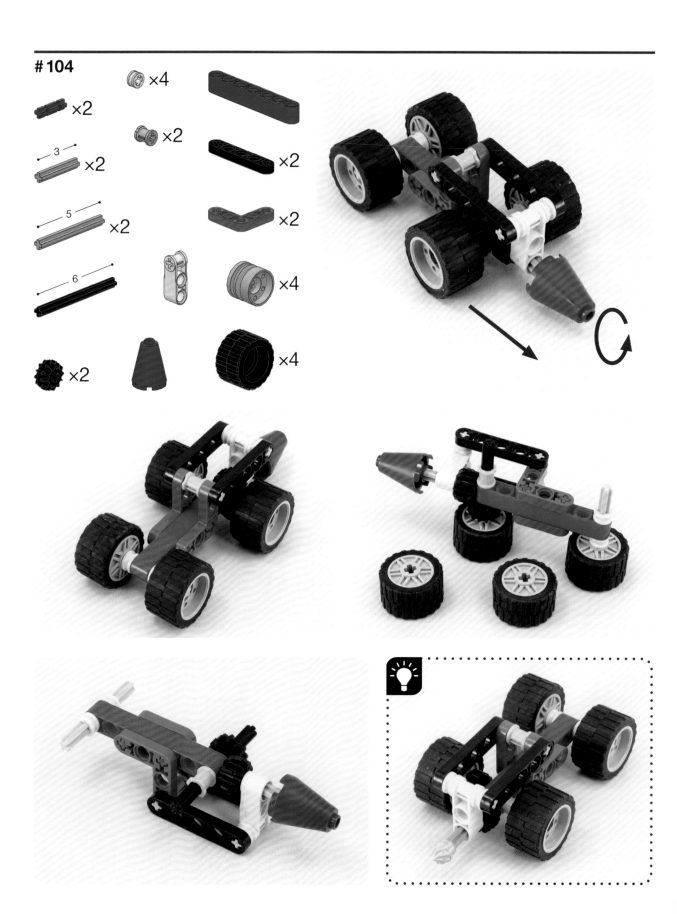

#105

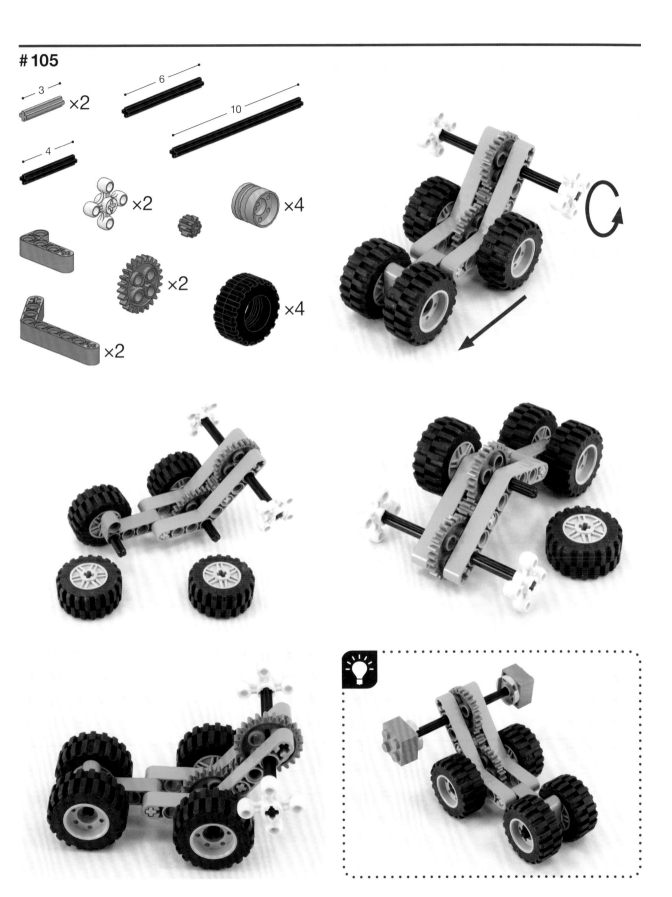

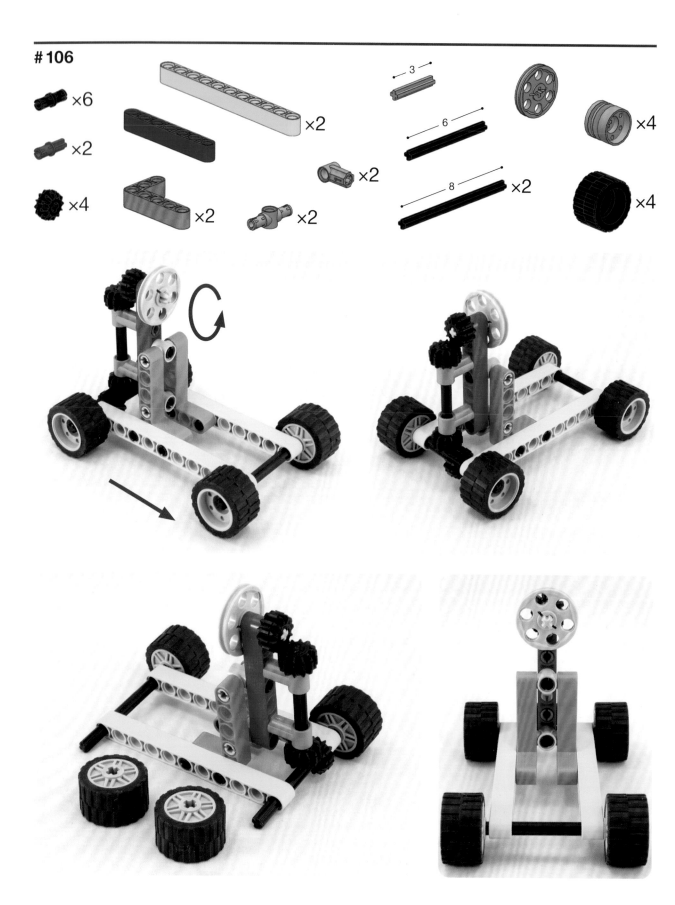

×6

×2

×4

×2

×2

×2

3

6

8

×2

×2

×4

×4

×4
×4
4
6
8
×4
×2
×2
×2
×2
×3
×2

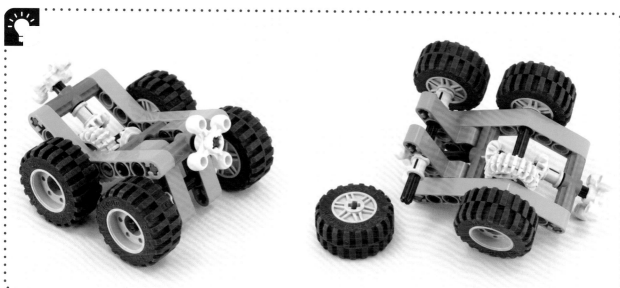

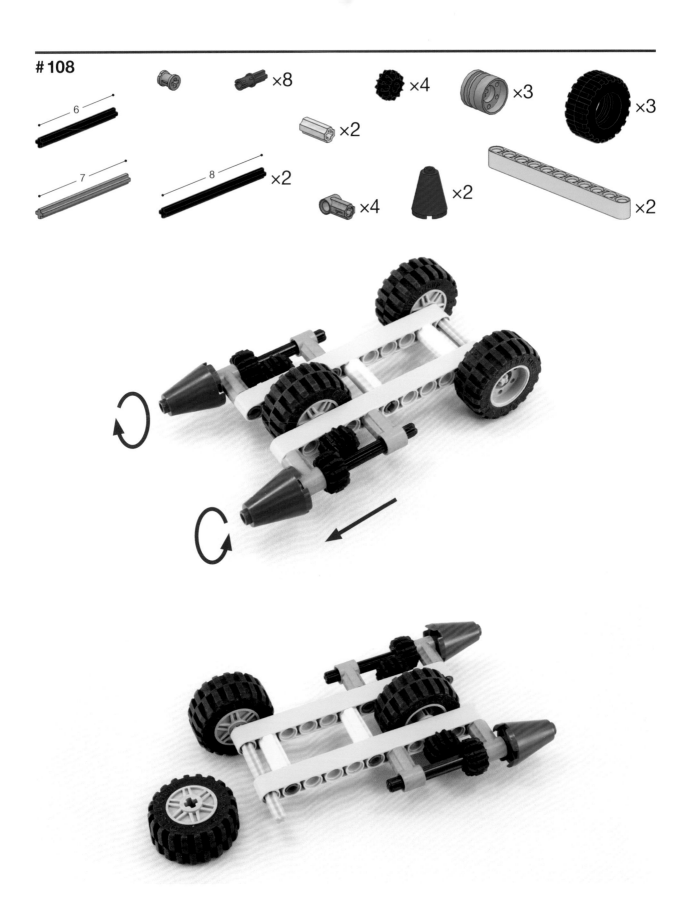

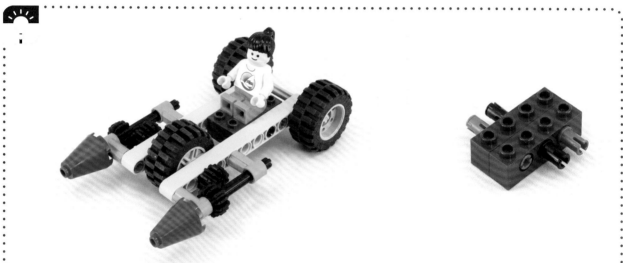

向著板子吹氣

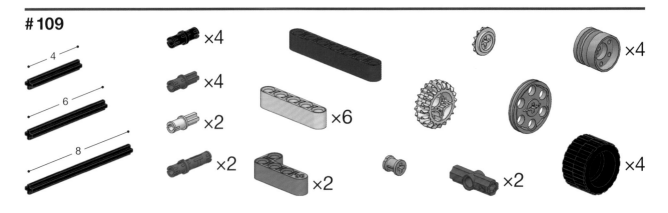

110

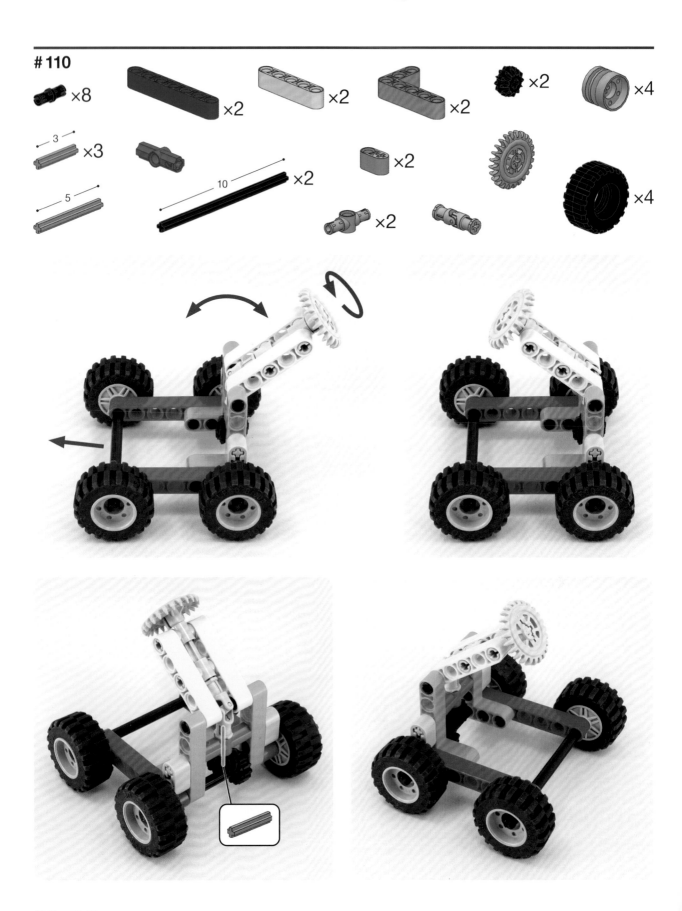

興奮擺動的小車

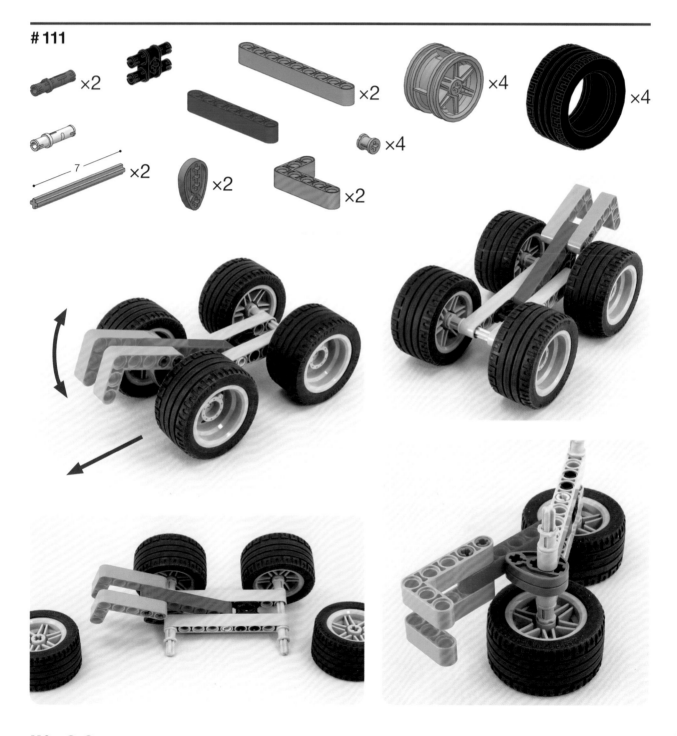

112

113

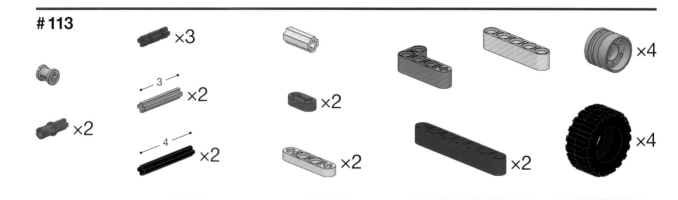

114

×4 ×6

6

7

×2 ×2 ×2

×2 ×2

×3

×3

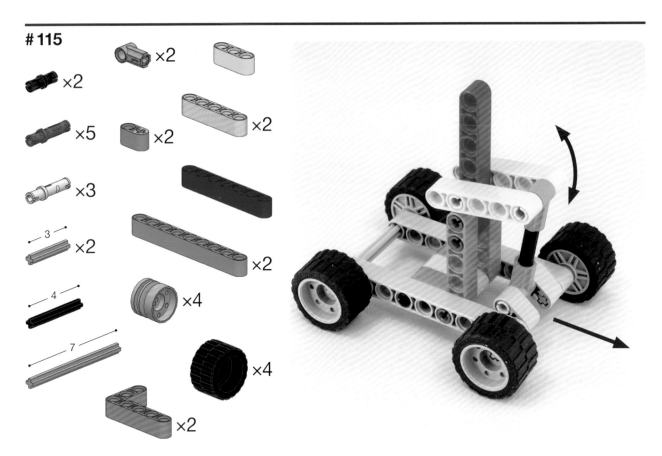

×2
×2
×2
×5
×2
×3
3 ×2
4
7
×4
×4
×2

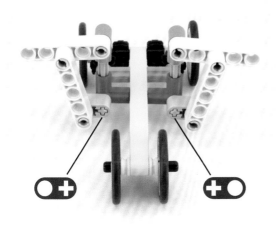

117

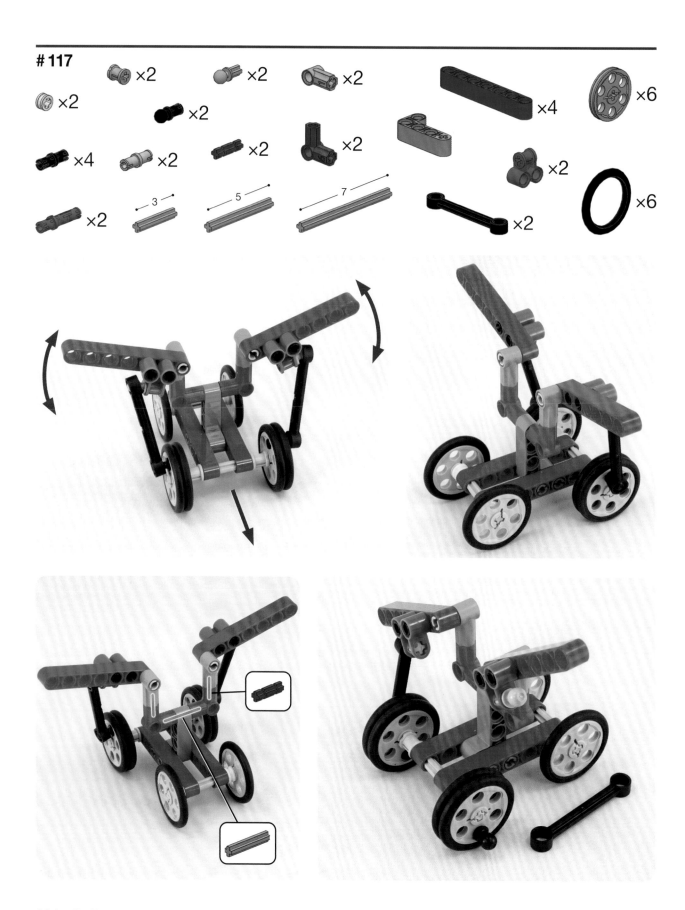

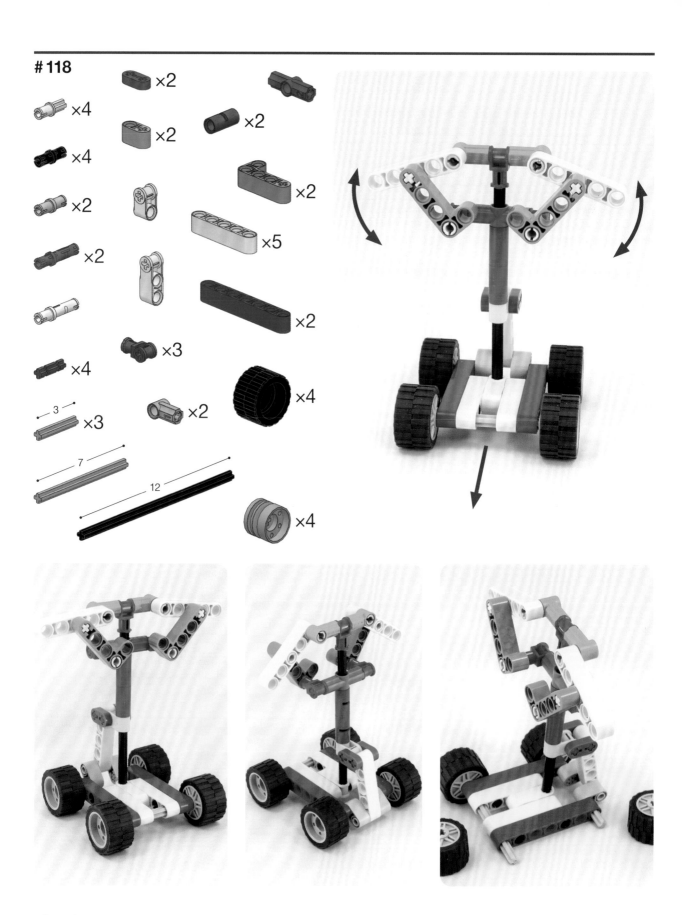

×4
×2
×4
×2
×2
×2
×2
×2
×5
×2
×2
×3
×4
3 ×3
7
12
×4
×4

來來回回的小車

119

×2

×4

×2

×2

×2

×2

×6

— 3 —
×2

×4

— 5 —
×2

×4

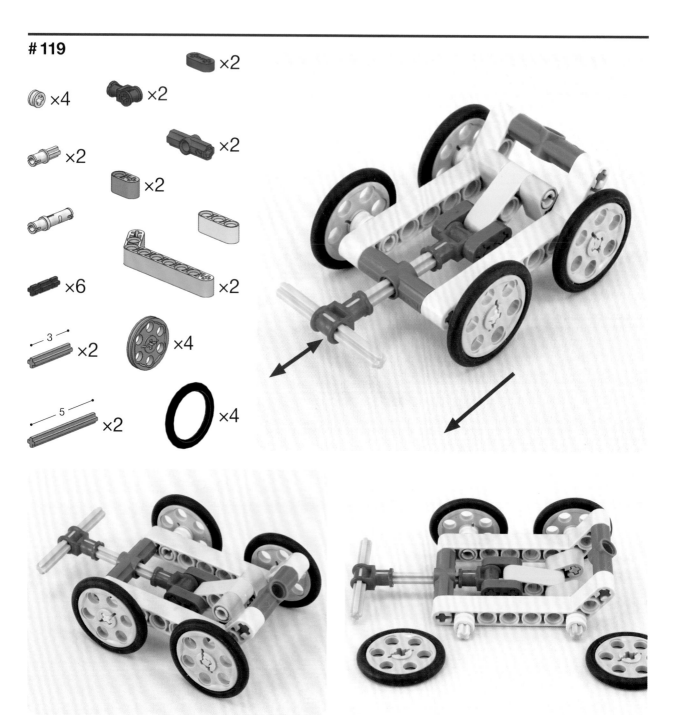

#120

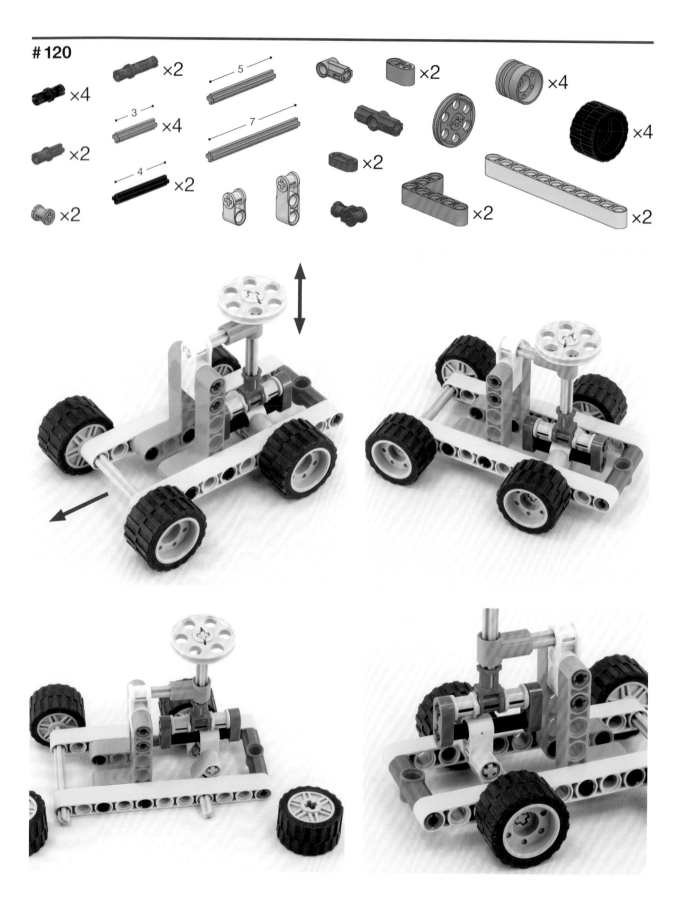

121

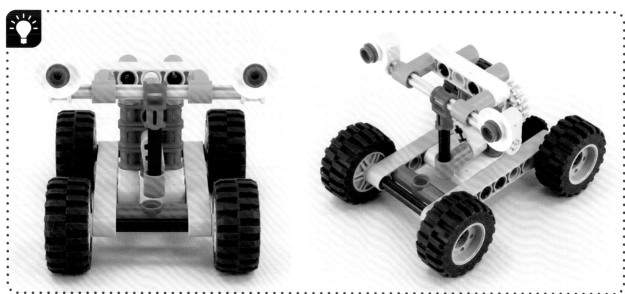

用飛輪所儲存的能量來跑的小車

#122

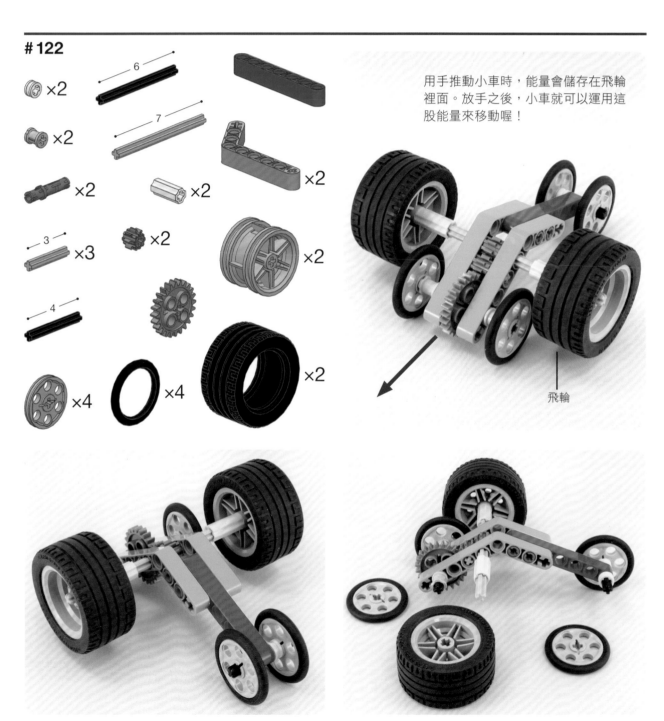

用手推動小車時，能量會儲存在飛輪裡面。放手之後，小車就可以運用這股能量來移動喔！

飛輪

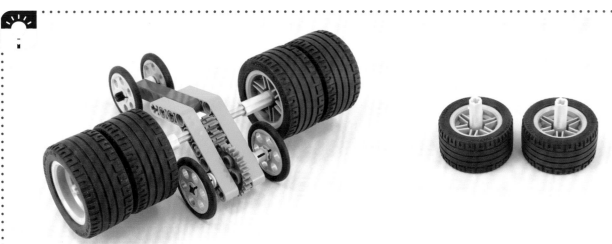

#123

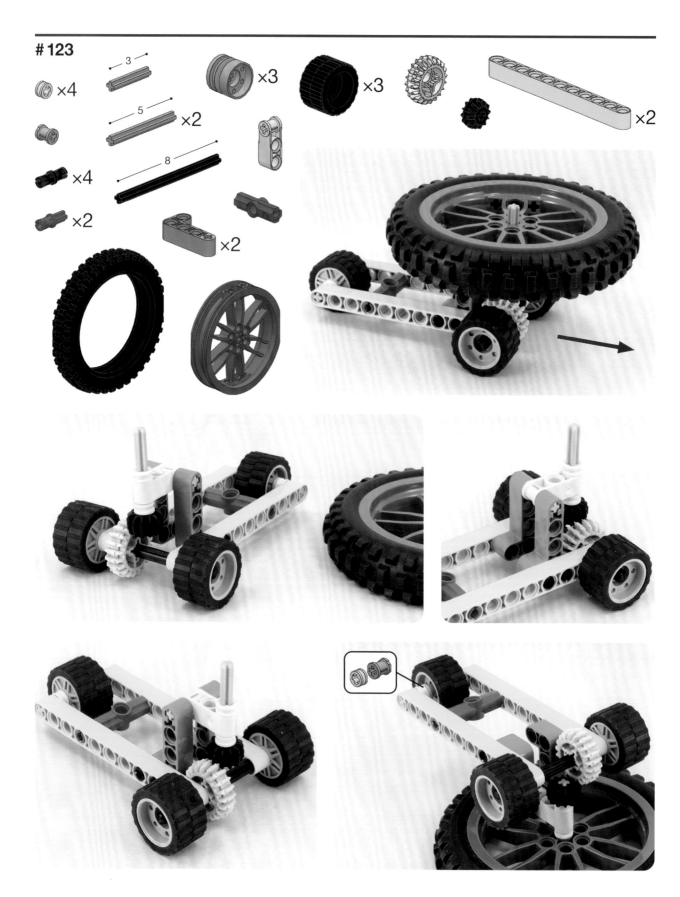

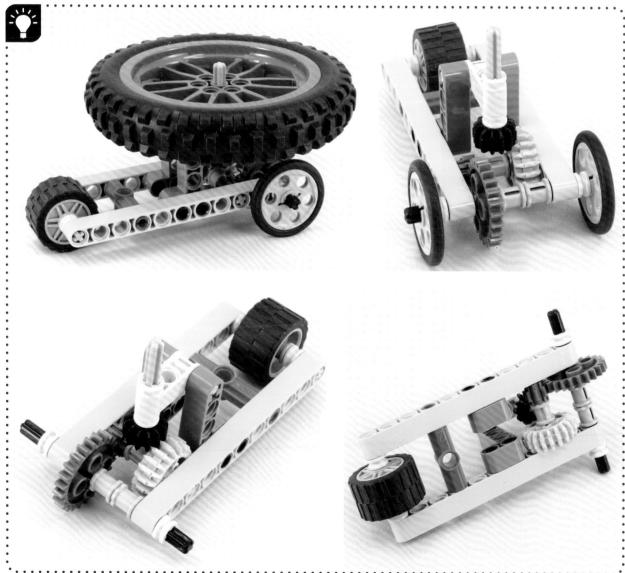

#124

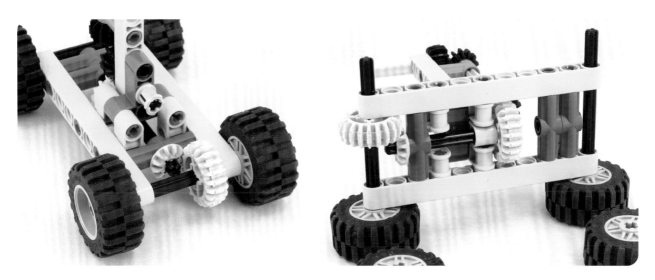

#125

×4
×2
×2
×2
×2
4
8
5
9

×2
×2
×2

×2

×2

×2

×4
×4
×3

運用重量來移動的小車

#126

×9 ×2 ×2

×5

×2

×4

5

6

7

8

10

×2

×2

×4 ×4 ×2

把這個重物舉起再放手，小車就會移動。

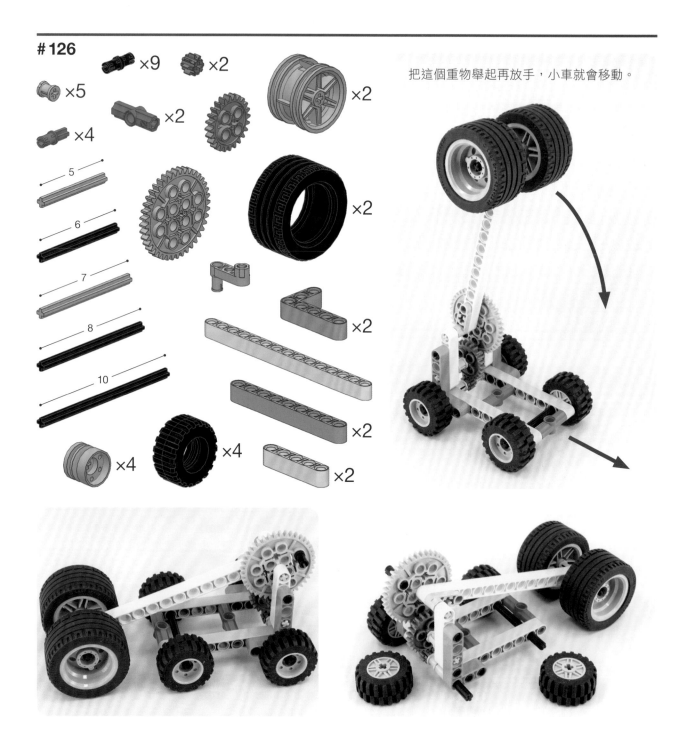

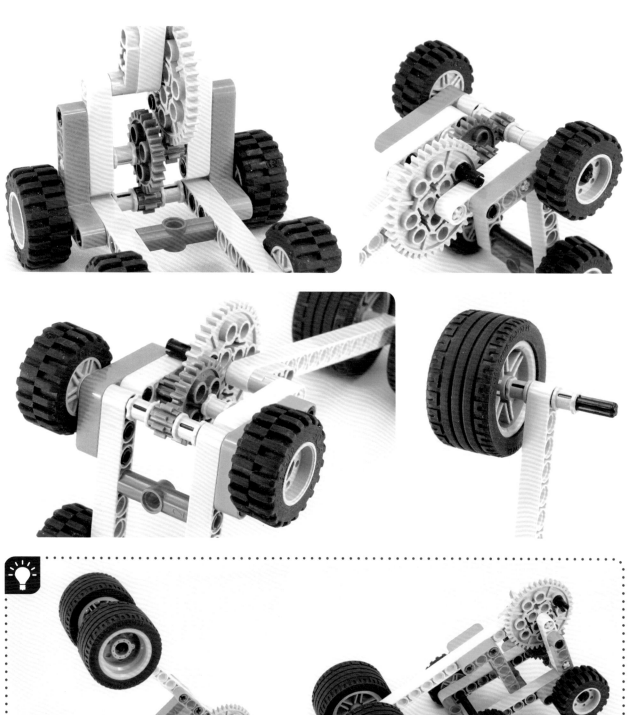

重物落地時，小車後輪雖然離
地了，但小車還是會前進。

127

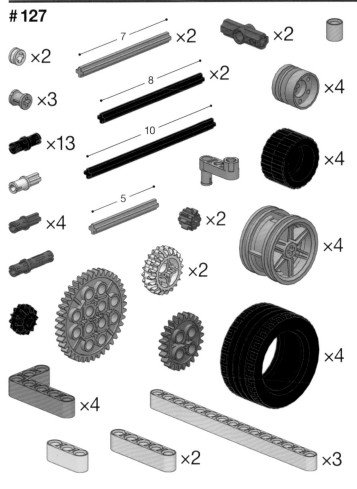

×2

7 ×2

×2

×3

8 ×2

×4

×13

10

×4

×4

5

×2

×4

×2

×4

×2

×4

×4

×2 ×3

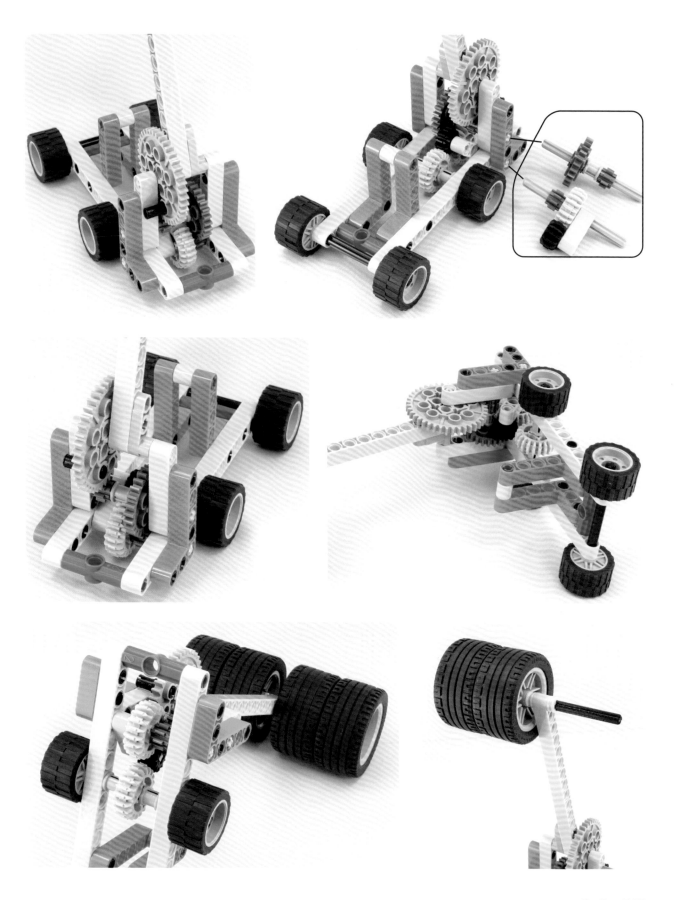

運用橡皮筋來移動的小車

#128

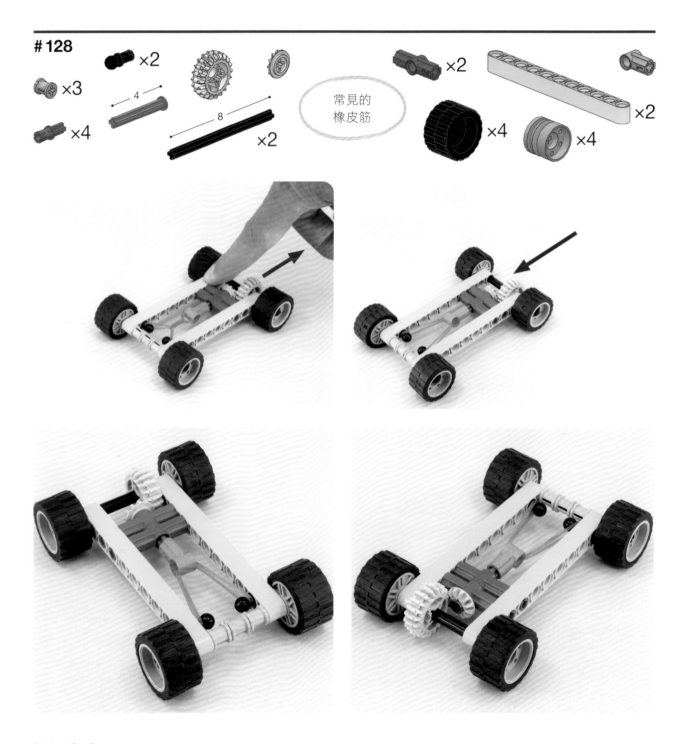

#129

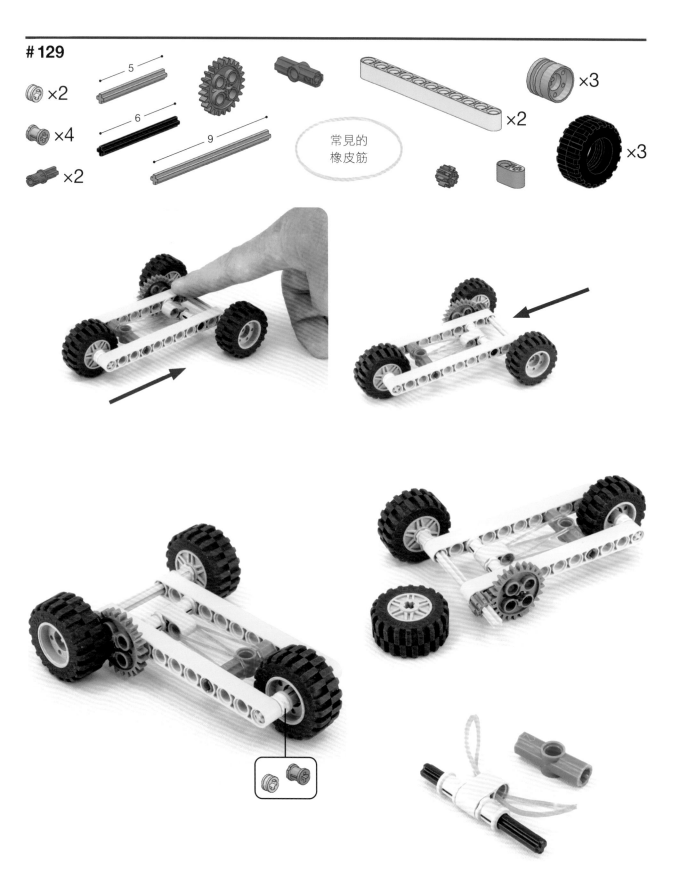

×2

5

6

9

×4

×2

常見的
橡皮筋

×2

×3

×3

#130

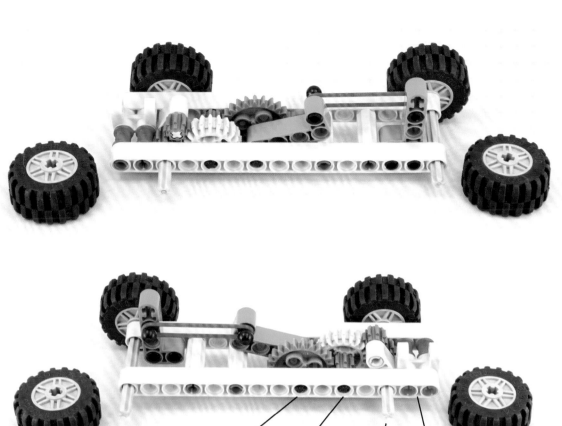

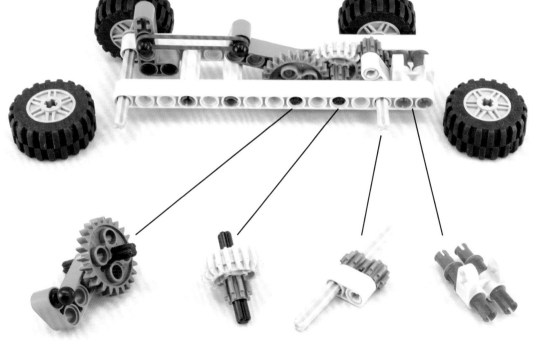

#131

常見的
橡皮筋

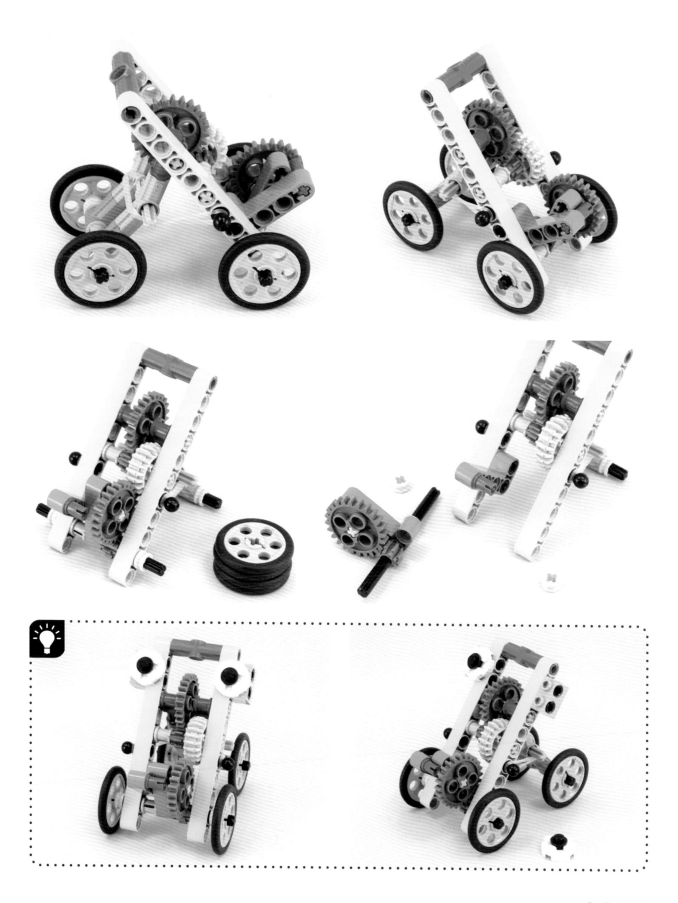

#132

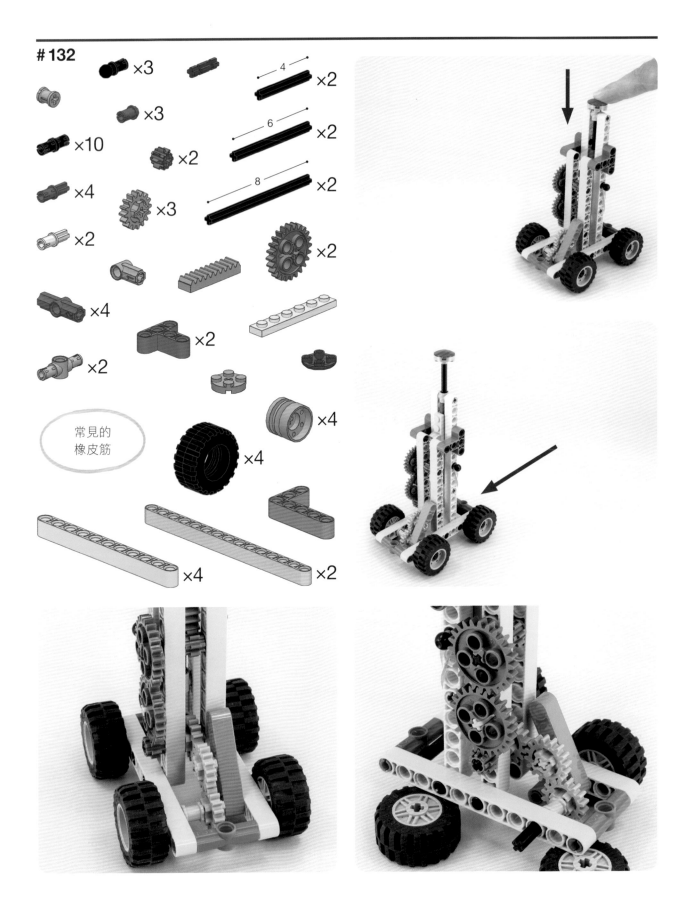

常見的
橡皮筋

×3
×3
×10
×4
×2
×4
×2

×2
×2
×3
×2

4 ×2
6 ×2
8 ×2

×2

×4
×4

×4 ×2

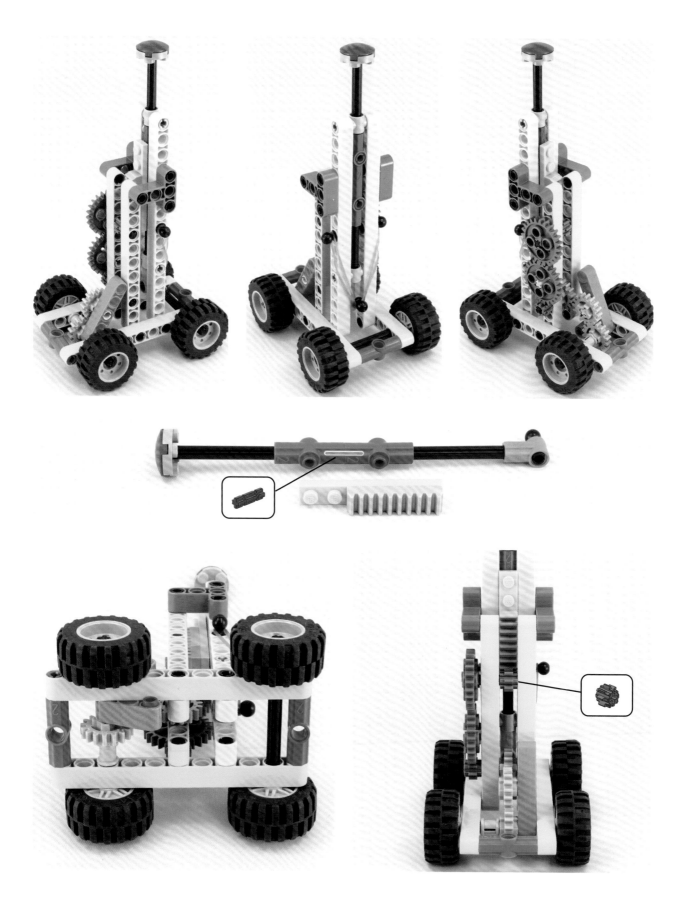

#133

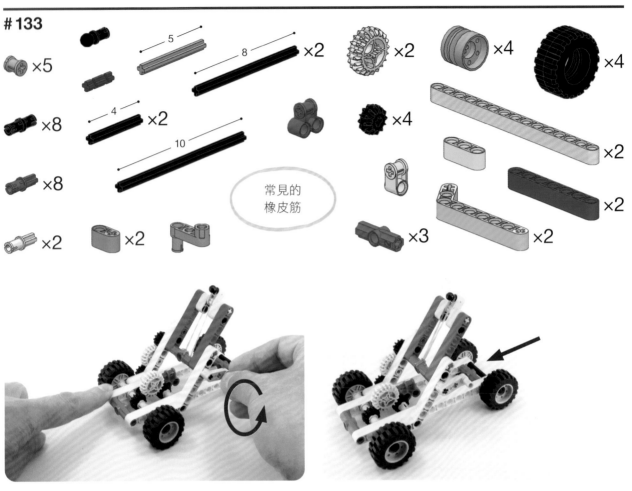

常見的
橡皮筋

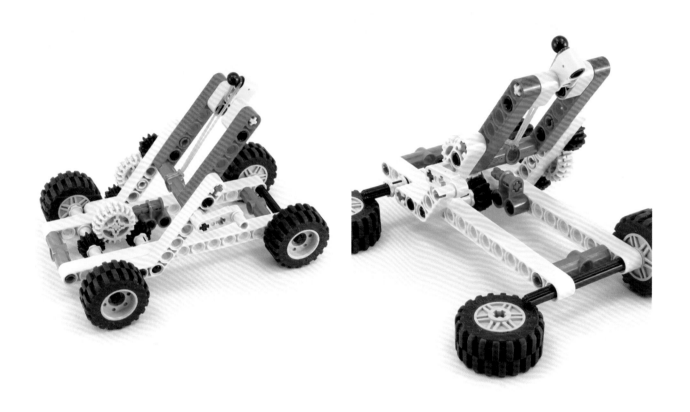

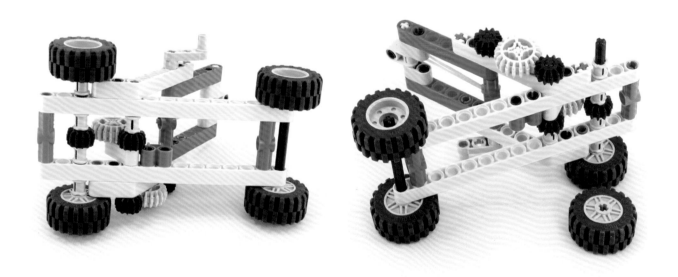

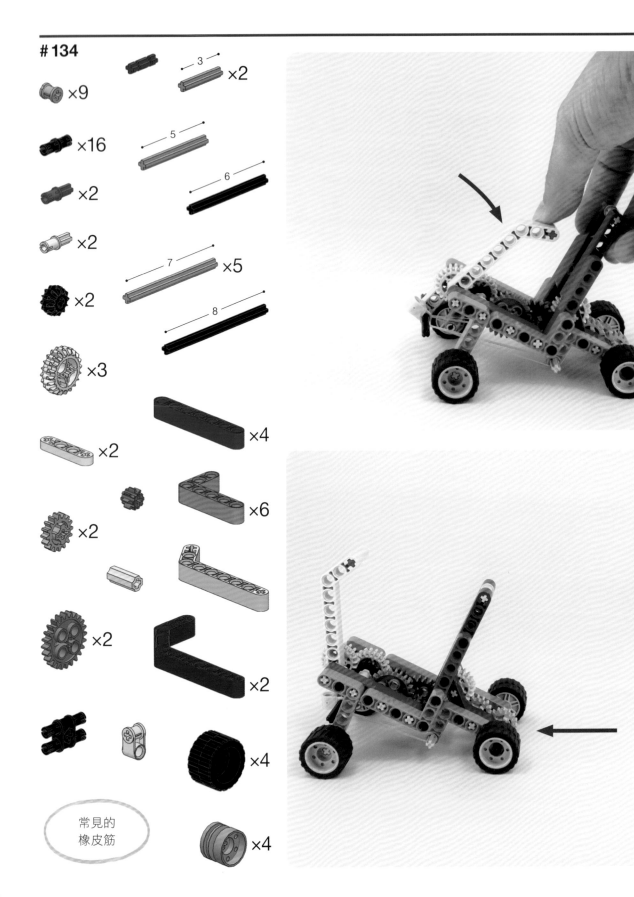

#134

×9

×16

×2

×2

×2

×3

×2

×2

×2

常見的
橡皮筋

3 ×2

5

6

7 ×5

8

×4

×6

×2

×4

×4

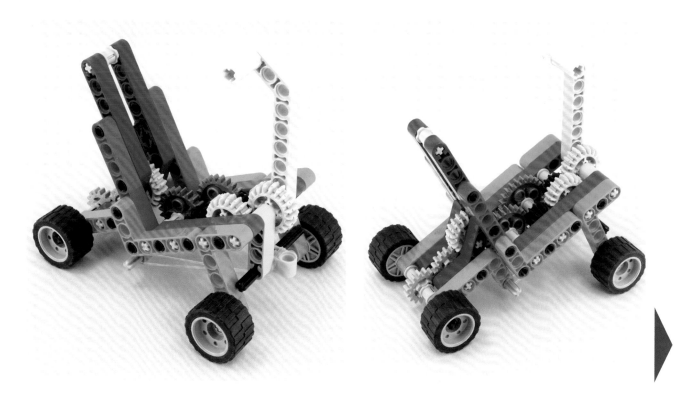

來回移動的小車

#135

×9
3 ×3
6
×6
5 ×4
×4
8 ×2
×4

×2
×3

×4
×2

×2
×2
×2
×6
×2
×6

桌子邊緣

輪胎這樣弄好之後，
推動小車。

小車跑到桌子邊邊之後就會倒退。

#136

×2
×4
3 ×3
8 ×3
×7
×2
4 ×2
×4
×4
5 ×3
×4
×3
×4
×6
×2
×2
×6
×2

牆壁
（拿好，別讓它亂動）

輪胎這樣弄好之後，
推動小車。

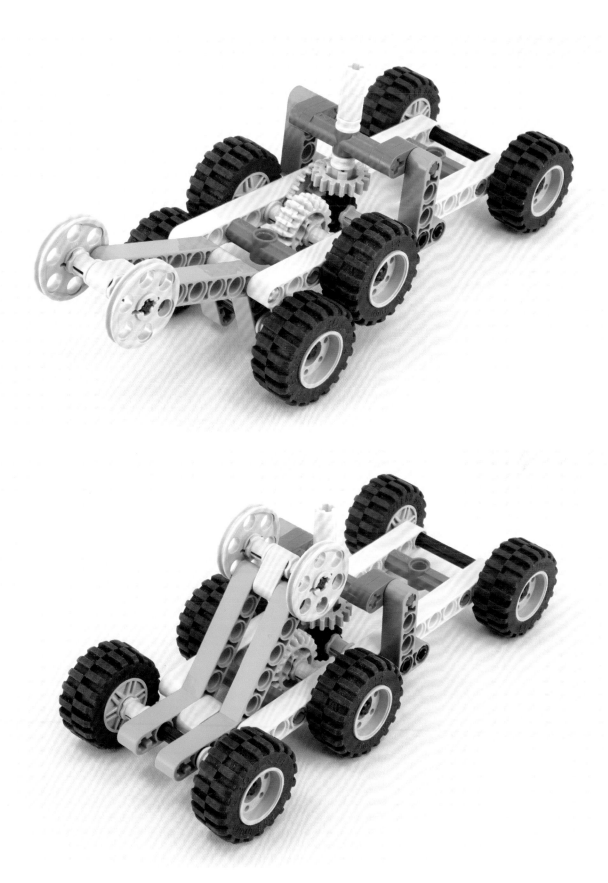

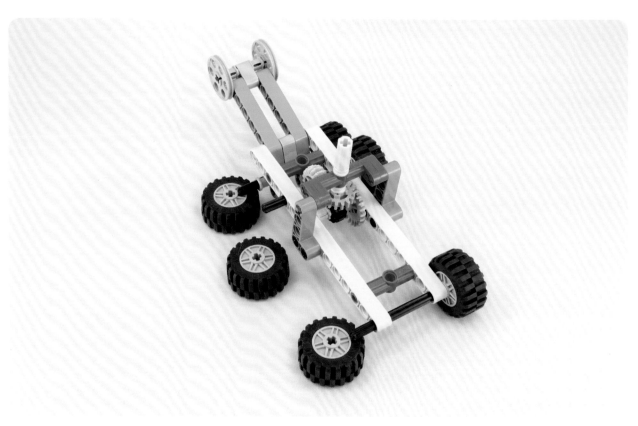

#137

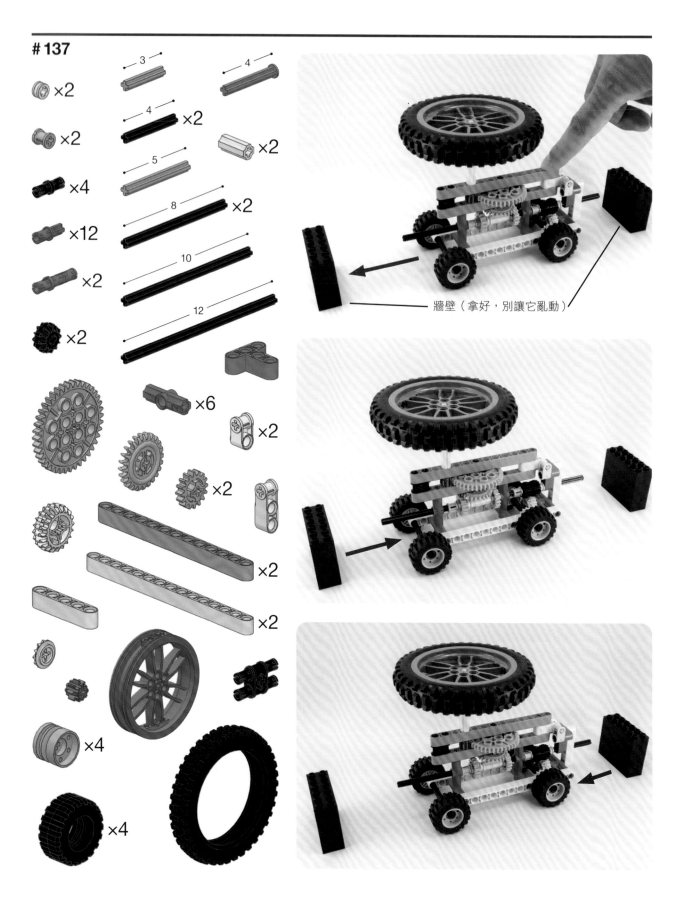

牆壁（拿好，別讓它亂動）

這個齒輪咬到了上方的齒輪，
帶動車子往這邊走。

當小車撞到牆壁
時，這根軸會被
推動。

當這根軸撞到對面
的牆，小車移動方
向會再次改變。

當小車撞到牆壁時，換成這根軸被推動。
換成這個齒輪咬到了上方的齒輪，這時車子會反向行走。

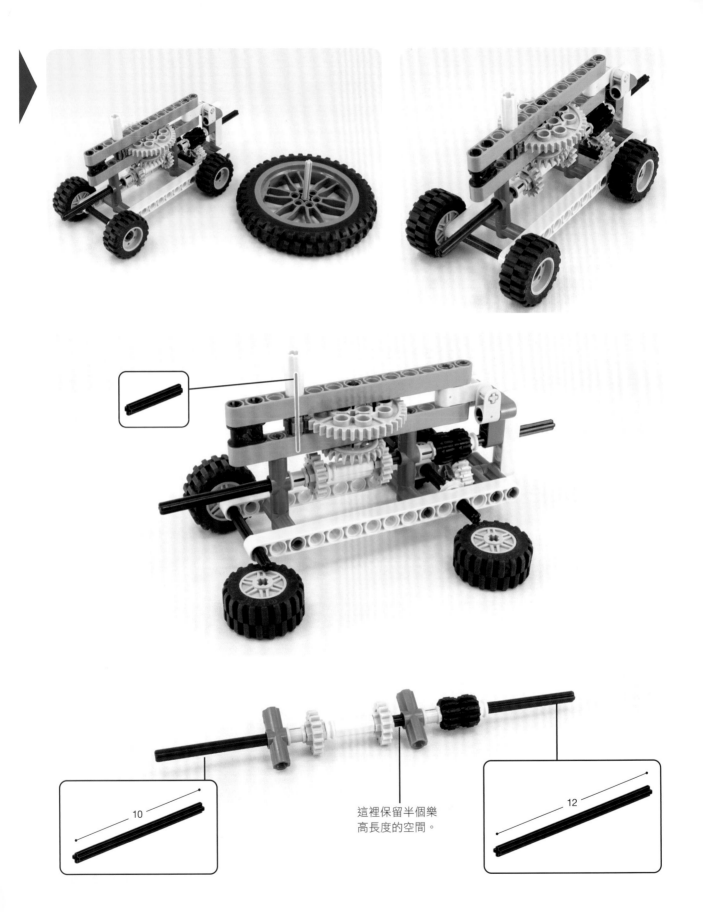

這裡保留半個樂
高長度的空間。

10

12

其他類型的小車

#138

 ×4 ×2 ×2 ×4 ×4

#139

用不到的零件──

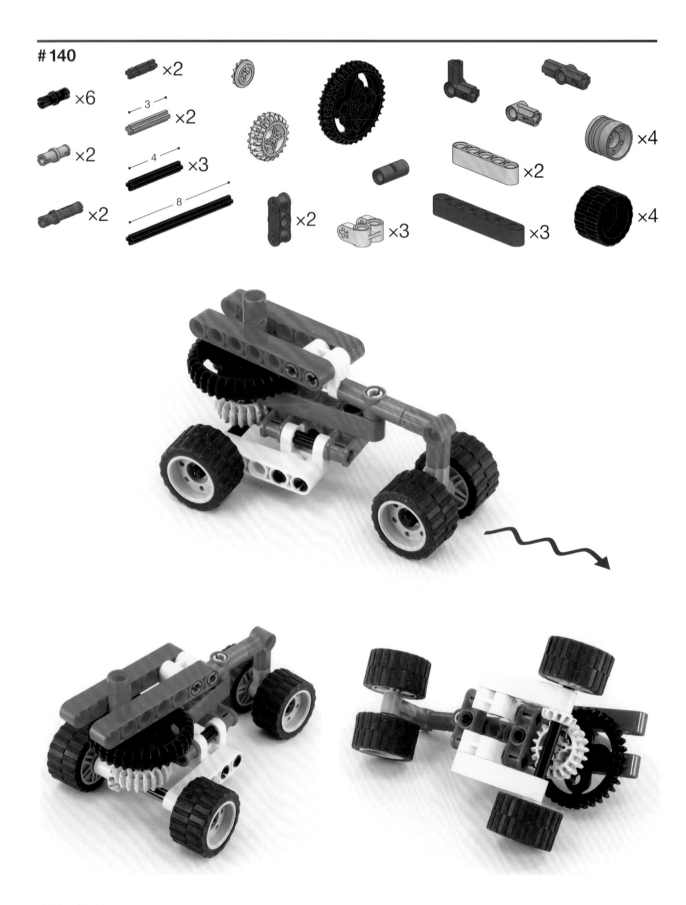

×6
×2
×2
×3
×8
×2
×2
×2
×2
×3
×3
×4
×4

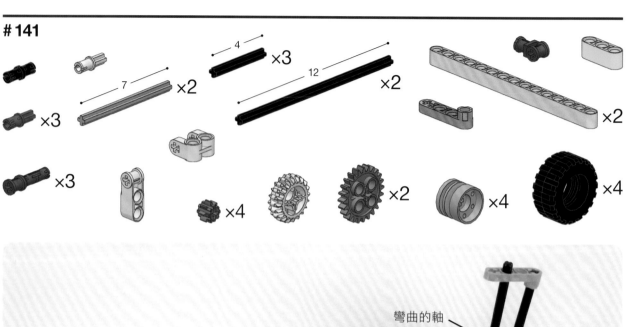

彎曲的軸

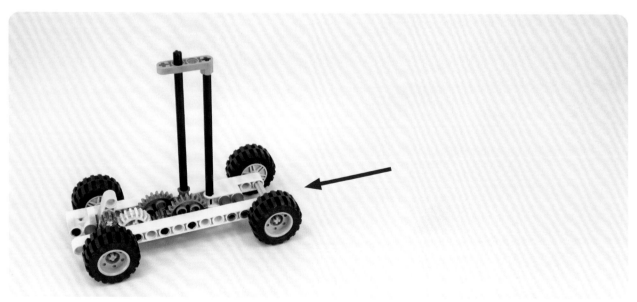

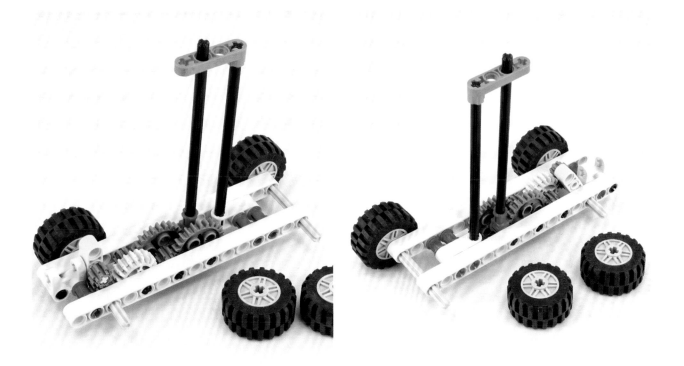

彎曲這兩根軸就能讓車子跑起來，但這會在部分零件上施加很大的壓力，如果用力過頭的話，零件可能會壞掉。向後拉動小車的時候別太粗魯喔！

零件清單

零件編號

這個數字代表要完成本書任何一個作品的話,這個零件要用到的最大數量。

這個數字代表要完成本套書之兩本書的任何一個作品的話,這個零件要用到的最大數量。

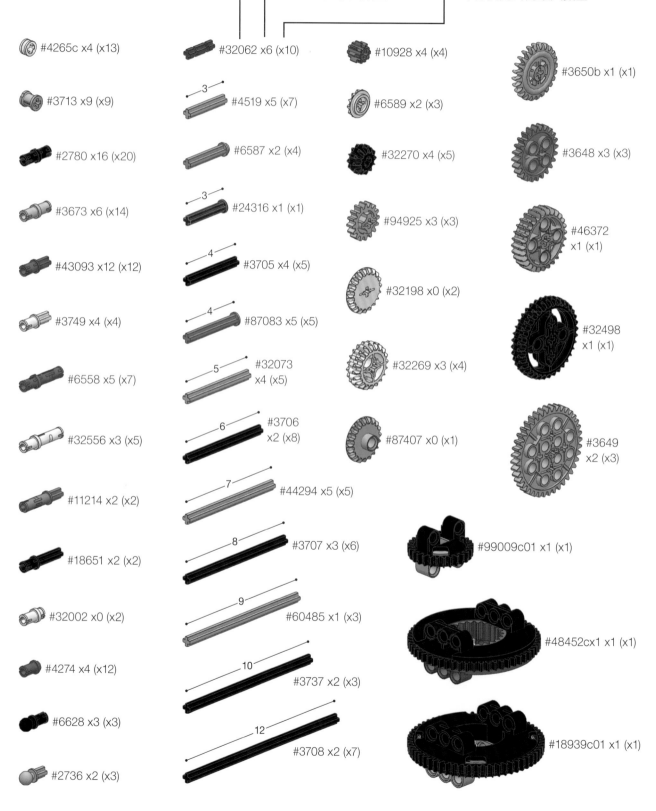

#4265c x4 (x13)

#3713 x9 (x9)

#2780 x16 (x20)

#3673 x6 (x14)

#43093 x12 (x12)

#3749 x4 (x4)

#6558 x5 (x7)

#32556 x3 (x5)

#11214 x2 (x2)

#18651 x2 (x2)

#32002 x0 (x2)

#4274 x4 (x12)

#6628 x3 (x3)

#2736 x2 (x3)

#32062 x6 (x10)

3 #4519 x5 (x7)

#6587 x2 (x4)

3 #24316 x1 (x1)

4 #3705 x4 (x5)

4 #87083 x5 (x5)

5 #32073 x4 (x5)

6 #3706 x2 (x8)

7 #44294 x5 (x5)

8 #3707 x3 (x6)

9 #60485 x1 (x3)

10 #3737 x2 (x3)

12 #3708 x2 (x7)

#10928 x4 (x4)

#6589 x2 (x3)

#32270 x4 (x5)

#94925 x3 (x3)

#32198 x0 (x2)

#32269 x3 (x4)

#87407 x0 (x1)

#3650b x1 (x1)

#3648 x3 (x3)

#46372 x1 (x1)

#32498 x1 (x1)

#3649 x2 (x3)

#99009c01 x1 (x1)

#48452cx1 x1 (x1)

#18939c01 x1 (x1)

178

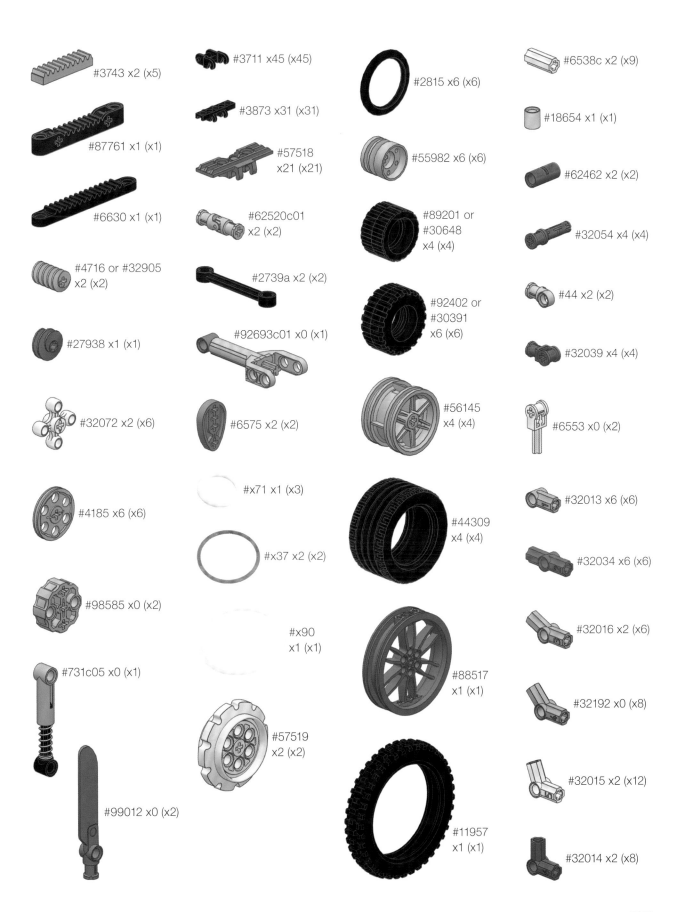

#3743 x2 (x5)

#87761 x1 (x1)

#6630 x1 (x1)

#4716 or #32905 x2 (x2)

#27938 x1 (x1)

#32072 x2 (x6)

#4185 x6 (x6)

#98585 x0 (x2)

#731c05 x0 (x1)

#99012 x0 (x2)

#3711 x45 (x45)

#3873 x31 (x31)

#57518 x21 (x21)

#62520c01 x2 (x2)

#2739a x2 (x2)

#92693c01 x0 (x1)

#6575 x2 (x2)

#x71 x1 (x3)

#x37 x2 (x2)

#x90 x1 (x1)

#57519 x2 (x2)

#2815 x6 (x6)

#55982 x6 (x6)

#89201 or #30648 x4 (x4)

#92402 or #30391 x6 (x6)

#56145 x4 (x4)

#44309 x4 (x4)

#88517 x1 (x1)

#11957 x1 (x1)

#6538c x2 (x9)

#18654 x1 (x1)

#62462 x2 (x2)

#32054 x4 (x4)

#44 x2 (x2)

#32039 x4 (x4)

#6553 x0 (x2)

#32013 x6 (x6)

#32034 x6 (x6)

#32016 x2 (x6)

#32192 x0 (x8)

#32015 x2 (x12)

#32014 x2 (x8)

179

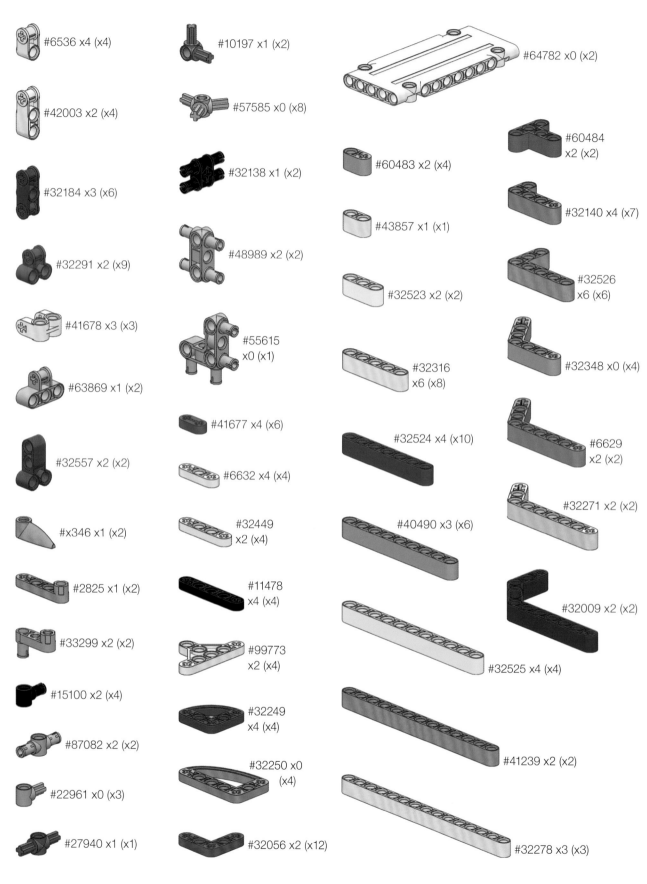

#6536 x4 (x4)

#42003 x2 (x4)

#32184 x3 (x6)

#32291 x2 (x9)

#41678 x3 (x3)

#63869 x1 (x2)

#32557 x2 (x2)

#x346 x1 (x2)

#2825 x1 (x2)

#33299 x2 (x2)

#15100 x2 (x4)

#87082 x2 (x2)

#22961 x0 (x3)

#27940 x1 (x1)

#10197 x1 (x2)

#57585 x0 (x8)

#32138 x1 (x2)

#48989 x2 (x2)

#55615 x0 (x1)

#41677 x4 (x6)

#6632 x4 (x4)

#32449 x2 (x4)

#11478 x4 (x4)

#99773 x2 (x4)

#32249 x4 (x4)

#32250 x0 (x4)

#32056 x2 (x12)

#64782 x0 (x2)

#60483 x2 (x4)

#43857 x1 (x1)

#32523 x2 (x2)

#32316 x6 (x8)

#32524 x4 (x10)

#40490 x3 (x6)

#32525 x4 (x4)

#41239 x2 (x2)

#32278 x3 (x3)

#60484 x2 (x2)

#32140 x4 (x7)

#32526 x6 (x6)

#32348 x0 (x4)

#6629 x2 (x2)

#32271 x2 (x2)

#32009 x2 (x2)

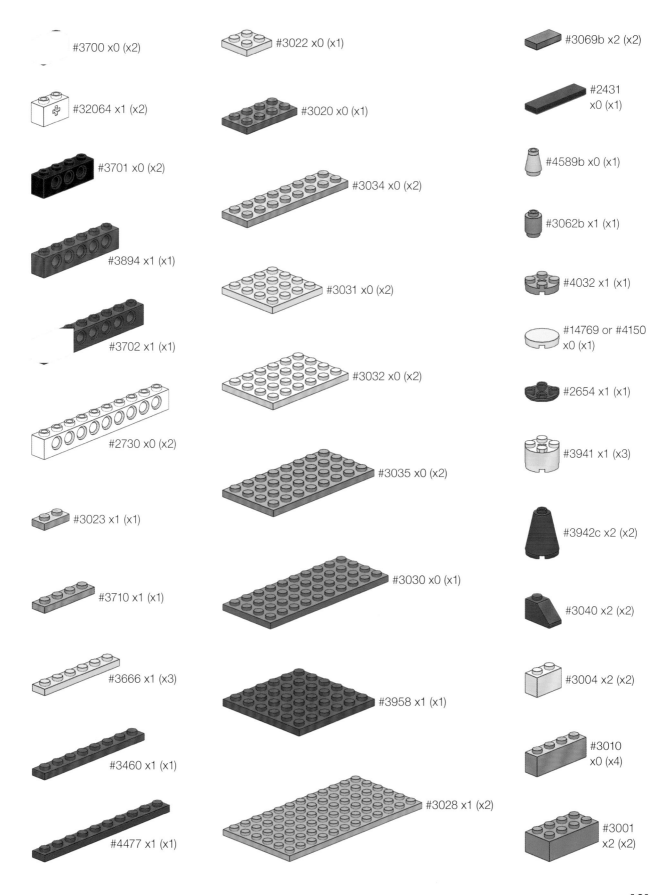

#3700 x0 (x2)

#32064 x1 (x2)

#3701 x0 (x2)

#3894 x1 (x1)

#3702 x1 (x1)

#2730 x0 (x2)

#3023 x1 (x1)

#3710 x1 (x1)

#3666 x1 (x3)

#3460 x1 (x1)

#4477 x1 (x1)

#3022 x0 (x1)

#3020 x0 (x1)

#3034 x0 (x2)

#3031 x0 (x2)

#3032 x0 (x2)

#3035 x0 (x2)

#3030 x0 (x1)

#3958 x1 (x1)

#3028 x1 (x2)

#3069b x2 (x2)

#2431 x0 (x1)

#4589b x0 (x1)

#3062b x1 (x1)

#4032 x1 (x1)

#14769 or #4150 x0 (x1)

#2654 x1 (x1)

#3941 x1 (x3)

#3942c x2 (x2)

#3040 x2 (x2)

#3004 x2 (x2)

#3010 x0 (x4)

#3001 x2 (x2)

LEGO Technic 不插電創意集 | 簡易機器

作　　者：五十川芳仁（Yoshihito Isogawa）
譯　　者：CAVEDU 教育團隊 曾吉弘
企劃編輯：莊吳行世
文字編輯：王雅雯
設計裝幀：張寶莉
發 行 人：廖文良

發 行 所：碁峰資訊股份有限公司
地　　址：台北市南港區三重路 66 號 7 樓之 6
電　　話：(02)2788-2408
傳　　真：(02)8192-4433
網　　站：www.gotop.com.tw
書　　號：ACH023600
版　　次：2021 年 08 月初版
建議售價：NT$620

商標聲明：本書所引用之國內外公司各商標、商品名稱、網站畫面，
其權利分屬合法註冊公司所有，絕無侵權之意，特此聲明。

版權聲明：本著作物內容僅授權合法持有本書之讀者學習所用，非經
本書作者或碁峰資訊股份有限公司正式授權，不得以任何形式複製、
抄襲、轉載或透過網路散佈其內容。

版權所有 ● 翻印必究

國家圖書館出版品預行編目資料

LEGO Technic 不插電創意集：簡易機器 / 五十川芳仁(Yoshihito
　Isogawa)原著；曾吉弘譯. -- 初版. -- 臺北市：碁峰資訊，2021.08
　　面；　　公分
　　譯自：LEGO Technic Non-Electric Models: Simple Machines
　　ISBN 978-986-502-917-3(平裝)
　　1.機械設計　2.模型　3.玩具
446.19　　　　　　　　　　　　　　　　　　　110012706

讀者服務

● 感謝您購買碁峰圖書，如果您對
本書的內容或表達上有不清楚的
地方或其他建議，請至碁峰網站：
「聯絡我們」\「圖書問題」留下
您所購買之書籍及問題。(請註明
購買書籍之書號及書名，以及問
題頁數，以便能儘快為您處理)
http://www.gotop.com.tw

● 售後服務僅限書籍本身內容，若
是軟、硬體問題，請您直接與軟體
廠商聯絡。

● 若於購買書籍後發現有破損、缺
頁、裝訂錯誤之問題，請直接將書
寄回更換，並註明您的姓名、連絡
電話及地址，將有專人與您連絡
補寄商品。